U0395893

写给中小学生的

# 法布尔昆虫记

## 第 8 卷
## 意料之外的罗网

（法）法布尔（Fabre，J.H.）　著

余继山　编译

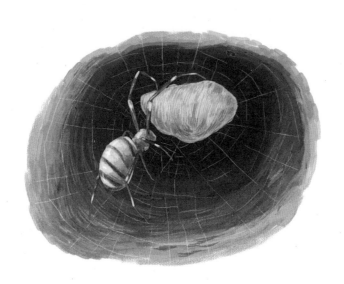

上海科学普及出版社

**图书在版编目（CIP）数据**

写给中小学生的法布尔昆虫记 . 第八卷，意料之外的罗网 / （法）法布尔

（Fabre，J.H.）著；余继山编译 . — 上海：上海科学普及出版社，2017.5

ISBN 978-7-5427-6841-4

Ⅰ . ①写… Ⅱ . ①余… Ⅲ . ①昆虫学－少儿读物 Ⅳ . ① Q96-49

中国版本图书馆 CIP 数据核字 (2016) 第 257795 号

责任编辑　刘湘雯

写给中小学生的法布尔昆虫记

**第八卷　意料之外的罗网**

（法）法布尔（Fabre，J.H.）著

余继山 编译

上海科学普及出版社出版发行

（上海中山北路 832 号 邮编 200070）

http://www.pspsh.com

各地新华书店经销　三河市同力彩印有限公司

开本 787×1092 1/16 印张 10.75 字数 210 000

2017 年 5 月第 1 版　2017 年 5 月第 1 次印刷

ISBN 978-7-5427-6841-4　　定价：28.00 元

# 前　言

　　《昆虫记》是法国著名昆虫学家、科普作家法布尔的代表作。法布尔从小就对自然界和昆虫世界表现出了浓厚的兴趣，立志做一个为昆虫写历史的人。他经过20多年的观察研究和资料搜集，将昆虫的专业知识与人文情怀结合在一起，最终写成了昆虫的史诗《昆虫记》。

　　《昆虫记》全书共分为10卷，概括性地阐述了各类昆虫的种类、特征、生活习性及生殖繁衍情况。书中，作者将自己的人生经历与纷繁复杂的昆虫世界联系在一起，用清新自然、诙谐幽默的语调，向读者讲述了一个又一个关于昆虫的故事，内容不仅包含丰富的知识性，并且极具趣味，是一部不可多得的长篇科普文学巨著。

　　法布尔在描述昆虫时，常常用人性的眼光去看待它们，评判它们，内容充满着哲学意味的思考，字里行间透露出对生命的尊重与热爱。作者在讲述昆虫筑巢、觅食、工作、交配、生殖繁衍等生命活动时，常常浸透着人性的思考。通过阅读这套书，小读者不仅可以读到一个妙趣横生的昆虫世界，而且能通过对这些现象的了解，探究到昆虫背后的秘密，解开一个又一个有关昆虫的谜团。

　　本套丛书是专门为中小学生打造的，在充分尊重原著的基础上，用流畅、通俗易懂的语言向小读者们讲述了各种昆虫趣事，使小读者们能够无障碍地进行阅读。书中还配有大量精美的昆虫插图及活泼俏皮的文字解说，辅助小读者更好地理解其中的内容。现在，让我们一起走进法布尔笔下的神奇昆虫世界，去体会和了解这个不一样的，充满奥秘的世界吧。

# 目 录
## contents

第四章

捉不到的杀手——猎蝽

第五章

天生的几何学家——隧蜂

第六章

庄稼最大的威胁者——蚜虫

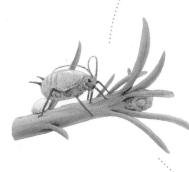

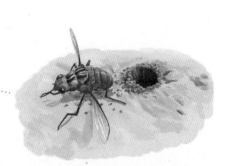

第一章

# 神奇的建筑师

——花金龟

## 昆虫档案

**昆虫名**：花金龟

**英文名**：flower chafer

**身世背景**：全世界均有分布，色彩鲜艳的大多分布在热带地区

**特征喜好**：花金龟大多数身体较宽，背部扁平，色彩美丽，喜欢吸食蜂蜜

**危　害**：危害果树、林木、农作物的花、花卉等

**武　器**：怪异的角凸

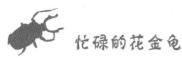 忙碌的花金龟

　　每年五月来临时，我房子外面那条甬道的两侧就会开满丁香花。花朵非常茂盛，把树枝压得低下了头，让整条甬道像一座小教堂似的呈尖拱形。每一次，我来到这里观察这里的小昆虫们，心情都非常激动。

　　在这里，我看到一群粉蝶在天空中飞舞，它们全身洁白，只有眼睛是黑色的。在这明媚的春天里，它们愉快地互相追逐，嬉戏，看起来像是在跳一段非常优美的舞蹈。

　　此外，还有一种金凤蝶成群结队在花丛中间飞行。尽管它们身材较大，动作也不够灵活，但它们有橘色的丝带，蓝色的、弯弯的如同新月的斑，看起来十分美丽，十分妩媚动人。

　　蝴蝶的优美吸引了孩子们的注意，他们纷纷跑过来，试图抓住蝴蝶。但当他们伸手去抓时，这些聪明的金凤蝶就会立即飞到远处，在其他的花朵上继续寻找花蜜。

　　在这群孩子中，年龄最小、动作敏捷的是安娜，她并没有和其他小

金黄色的花金龟因为贪恋早晨的凉爽，躺在丁香花枝上睡着香甜的觉。

孩一样去抓金凤蝶，而是抓到了自己更喜欢的一身金黄的花金龟。清晨天气清凉，这些花金龟正香甜地睡在丁香花里，对突然降临的危险丧失了警觉，所以被安娜轻易地抓住了。

花金龟的数量很多，安娜很快又抓了好几只。这种过分的抓捕，迫使我必须立即出面制止。

如何安置这些花金龟呢？我们在一个盒子里铺上一层花，然后再把捕到的花金龟放进这个盒子里。等到天气逐渐暖和起来以后，孩子们用一根线系住花金龟的脚，就可以让它在头顶上空飞舞。

这些孩子们过于年少无知，他们对花金龟因为被线拖着而带来的痛苦，一点也不放在心上。对于孩子们玩弄花金龟的行为，我也不好意思阻止，因为虽然我的经验丰富，但我依然会犯错误，孩子出于好玩的目的而折磨昆虫，而我却因为研究的目的而虐待昆虫，所以就其本质来说，我的做法和孩子的做法没有太大区别。

尽管花金龟不想让我知道更多信息，但我知道从花金龟身上可以获得一些意外的知识，这是我一直坚持的观点。于是，为了获得更多博物学方面的知识，我只好放弃仁慈，让花金龟受到一些折磨。

花金龟不仅身体肥胖，而且很不匀称，幸亏它有黄铜般金光闪闪的颜色，所以即使在浓密的丁香花丛中，仍然可以很容易找到。我从来不用为了寻找花金龟而疲劳奔波，因为它们会经常飞到我的院子里来。

八月的第一个星期，15 只刚刚在饲养瓶里出生的铜星花金龟，被我放到网罩里。它们下半身是鲜艳的紫色，而上半身则是青铜色。在饲养这些幼小的花金龟时，我需要根据时令的不同，为它们提供不同的食物，例如葡萄、西瓜、李子、梨等。

花金龟非常贪吃，它们常常会把头乃至整个身体全部都钻进果酱里，不分昼夜地吃，狼吞虎咽地吃，直到感觉吃饱了，才会满意地睡去。我不用担心有花金龟会爬到笼子的金属罩子上，更不用担心它们飞走，因为它们几乎把所有的时间都花在了吃上。

花金龟身材肥胖，色彩艳丽，让人
一下子就能够认出来。

　　一天，两天……一直吃到第十五天，花金龟明显还没有吃腻，尤其是在水果成熟的时节，它们吃得更是痛快酣畅。然而，它们在繁殖和延续后代上却并不怎么用心，以至于让我认为，这些贪吃的家伙早已经把产卵的事忘记了。

　　天气逐渐变热，因为忍受不了炎热，网罩里的花金龟钻到了沙土以下约两寸的地方。此时，无论食物多么甘美，花金龟依然不愿爬出来。随着九月的降临，秋风送来了凉意，躲在下面昏睡的花金龟终于醒了过来。它们又开始吃东西了，但之前那种狼吞虎咽已经没有了，不仅吃得很少，而且进食时间也很短。

　　寒冬来临，为了躲避严寒，花金龟再次钻进沙层。起初，我担心它们无法撑过这次寒冬，而且它们确实被冻成了硬邦邦的，然而，一旦气温回升，它们的身体还会从僵硬中恢复过来，生命也随之复苏。

　　通常，春寒料峭的三月还没有过去，花金龟就开始蠢蠢欲动了。在这样一个万物复苏的季节里，供花金龟食用的水果是很少的。无奈之下，我只好倒一些蜂蜜在杯子里，供它们食用，但它们似乎并不太喜欢吃这个。于是，我就用海藻喂它们，一直持续到四月底左右。

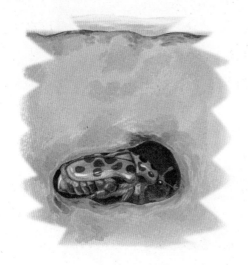

天气炎热的季节，花金龟会躲到沙土下面两寸深的地方，即使是美食也无法引诱它们走出来。

这个时候，花金龟开始逐渐变得不太喜欢吃东西，仔细观察会发现，它们现在开始交尾了，雌性花金龟的产卵期也将随之到来。为此，我找了一个罐子，里面放上有些腐烂的干树叶，然后把罐子放进网罩里。到了六月下旬，即夏至的时候，雌性的花金龟爬进了我为它们准备的罐子里。

在罐子里，它们花了一段时间完成了产卵，之后又从罐子里爬了出来。这时，它们已经进入了生命的最后历程，一般再活一两个星期就会缓慢死去。它们的尸体蜷曲着，隐藏在比较浅的沙层中。

排卵期结束之后，六月的时光还没有结束，天气开始逐渐变热，我开始在气温较高的树叶堆里，寻找花金龟的卵和幼虫。其实，早在研究花金龟之初，我就被一个难解的问题——花金龟的寿命问题给难住了。直到这次在网罩里饲养花金龟，并对它们进行了详细的观察，我才找到了问题的答案。原来，花金龟的寿命接近一年，即在上一年夏天出生，在下一年夏季时死去。

通常情况下，昆虫成长为成年虫子后，它们就应该开始准备繁衍其后代了，大部分昆虫都是按照这个模式一代又一代地延续下去的。然而，花金龟却有些不同，无论是幼虫时期还是成虫时期，雌性的花金龟一直忙着吃东西，对于繁衍后代，它们似乎并不太在意。正是这个拖延，使得最利于它们繁衍后代的夏季转眼过去了，秋季的凉爽和冬季的寒冷都让它们无法进行繁衍，最后只好把这件事拖延到第二年。

寒冬过去之后，花金龟便匆匆复苏，现在供它们吃的东西很少，去年夏天还狼吞虎咽的花金龟们开始减少食量，甚至只能喝一点花蕊中的露水。就这样，当六月伴随着炎热一起降临时，雌性花金龟在温暖的烂树叶堆里排出了卵子。过不了多久，新的生命就会破卵而出。

对于北半球来说，一年之中白昼时间最长的是夏至，这个时间也是花金龟排卵的最佳时间。通常有4种花金龟喜欢把卵产在腐烂的枯树叶中，它们包括我曾经仔细观察过、上面文章中多次提到过的铜星花金龟，此外还有傲星花金龟、斑尖孔花金龟和金绿花金龟。因为卵子被产在腐烂的枯树叶里，幼虫自然也会在这里诞生。

一般来说，雌性花金龟的产卵时间是不确定的，因此我被迫在还没有到上午9点时就开始工作，观察腐烂的树叶堆。可以想象，有时我开始得太晚了，错过了它们的产卵；有时又太早了，需要等待很长时间。最后，我终于观察到了一只花金龟在排卵，那只雌性花金龟从附近来到了我观察的这个树叶堆，先在这里"巡视"了一周，接着突然"嗖"地一下突然钻进了枯叶堆。尽管树叶很疏松，但要一下子钻进去也不太容易。它们需要一边挖，一边钻，过不了多大时间就钻进去了。

通过它挖掘树叶的声音，我能够分辨出它行走的路线，起初，它们刚进外层时，那里的树叶有些干燥。于是，它们继续往里挖。很快，挖掘声变得越来越低，直到消失，这表明它们已经挖掘到了潮湿的内层。最后，花金龟选择在这里产卵，因为在这里容易为即将孵出的幼虫找到细嫩的食物。

我们知道，现在雌性花金龟进去产卵了，可能会持续一段时间，我还是等两个小时以后，再回到这里观察吧。

花金龟钻进树叶，尤其是干树叶时，会发出沙沙的声音，根据这个声音，我可以确定花金龟在树叶堆中的行走轨迹，根据这个轨迹，我就可

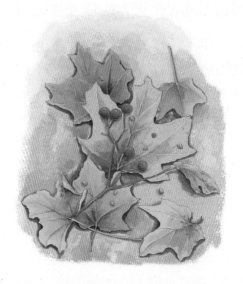

花金龟随随便便地将卵产在
枯叶堆里，卵在枯叶堆上横
七竖八地排列着。

以找到花金龟的产卵地。在这里，我发现了很多卵，它们每一个都是孤立的，而且没有任何规律地散落在各处，由此可知，花金龟只是胡乱地把卵产在了树叶堆里。花金龟的卵形状接近球形，颜色是象牙色，长度大概有3毫米。

花金龟虫卵的孵化大概需要两周，两周之后，白色的、长着稀疏短毛的幼虫破卵而出。离开枯树叶腐烂发酵而成的沃土之后，花金龟开始用一种较为独特的形式行走，即四脚朝天，用背部行走。

和其他种类的昆虫相比，饲养花金龟的幼虫非常简单，这不仅是因为它们身体强壮，还因为它们的食量很大。我找些腐烂的树叶，把它们放进一个马口铁匣子里，然后再把花金龟的幼虫放进去。在接下来的时间里，花金龟的幼虫成长得很快，它们从幼虫长到成虫一半大小，大概只需要一个月的时间，即大概八月初。

在接下来的时间里，饲养花金龟依然很简单，只要我经常为它们更换食物，它们就可以不停地成长发育，直到完全成长为成年花金龟。

在加工食物方面，花金龟的敬业令我印象深刻，在被饲养的一年中，也是其在世的一生间，它们一直在不间断地把腐烂的树叶磨成粉状。

花金龟的幼虫长约 1 法寸（约 27 毫米），身材肥胖，背部凸起，有明显的褶痕，褶痕处长有稀疏如刷子般的细毛。幼虫的腿短小，又显得有些衰弱，看起来还不错，只是和它那硕大的身躯极不协调。腹部扁扁的，有些棕色的斑点，皮肤细腻而又光滑，实际上它们在本质上只是装废弃物的口袋罢了。

花金龟的幼虫有一项特殊的自我防卫技能，即在危险来临时，它可以把身体弯成半弧形，然后滚动起来。当它进行滚动时，身体会紧紧地缩成一团，以至于让人担心它的身体会不会因此而折断。假如你试图好心地去把它掰开，那么它的内脏就会随之破裂。最好的办法就是不要去干涉它，过一会之后，它可以自动恢复，然后急忙逃走。

假如把一只花金龟放到桌子上，你会发现它会四脚朝天，利用背部向前移动。不明白情况的人，还以为这是花金龟幼虫受到惊吓后的反应，实际上，这就是它唯一的行走方式，其他方式它根本不会。

如果把花金龟幼虫放到桌子上，让它独自躺着，它就会快速向树叶堆移动，目的是不让人骚扰到自己。它之所以能够利用背部滑行，一方面是因为它的背部长有很多纤毛，可以为滑动提供不小的推力；另一方面是因为，它背部肌肉发达，可以提供力量支撑。

花金龟的幼虫在叶堆里用背部一起一伏地行走。

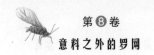

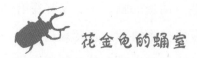

花金龟产卵的时节是六月，它们的蛹室简单而又粗糙，但基本还算匀称，大小和鸽子蛋差不多，从外观上来看呈卵球状。在我的那堆腐烂的树叶堆里，一共有4种花金龟。其中，身体最小的当数斑尖孔花金龟，与身材相对应，它的蛹室也非常小，像一个樱桃那么大。其他几个蛹室就不那么好分辨了，因为它们的形状和外部特征都是基本一样的，究竟哪个蛹室属于哪种花金龟，我无法辨别出来，只能等到幼虫爬出后，我才能找到问题的答案。

当然，花金龟的蛹室还是不同的，只是这种不同不是由建造技术造成的，而是由建造材料的不同造成的。通常情况下，金绿花金龟喜欢在粪便中建造自己的蛹室，所以它的蛹室外面常常会包裹着自己的粪便。相对来说，傲星花金龟和铜星花金龟干净一些，它们不喜欢选择太脏的地方。

因为没有在固定支撑物上建造蛹室，所以傲星花金龟、铜星花金龟、金绿花金龟的蛹室稳定性都不太好，但斑尖孔花金龟的蛹室则不一样，它会在一堆乱叶中寻找石头块，石头块并不需要太大，通常比手指头还小。斑尖孔花金龟就把蛹室建造在这些小石头上。当然，如果不幸没有找到石头，它也只能和其他花金龟一样，随便找个地方建立蛹室了。

蛹室需要建造得格外坚固，才能承担起一定的压力；蛹室内部不能太粗糙，必须相对平滑一些，因为无论是蛹还是幼虫，皮肤都很娇嫩。建造蛹室的材质是棕色的，我没有明白这究竟是什么材质，猜测它应该是花金龟自己任意加工的一种浆料，和烧制陶器的黏土有点像。

有了这种浆料，花金龟建造蛹室时还需要黏土吗？尽管一些书上曾经提到，蛀犀金龟、鳃角金龟、花金龟及其他一些昆虫在建造蛹室时使用了黏土，但我认为这些书本的撰写有些不太符合实际，缺少让人信服的依

据。尤其是对花金龟来说，在其蛹室周围，幼虫见到的多是腐烂的树叶，而难以见到黏土的踪影。

花金龟建造蛹室的材质，非常令人吃惊。大部分昆虫都拥有丝管和喷丝头，花金龟也是这样的，它的喷丝头位于其腹部。花金龟的肠子内蓄积了大量的建筑材料，忙碌的时候，它会在经过的地方排泄出许多棕色的粪便，这些粪便其实就是它们暂时还用不到的建筑材料。但等到它需要化蛹的时候，它就会控制排便量，把这些物质变成质量极高的浆料，存储在自己的腹部，用来建造蛹室。因此，花金龟实际上是用自己的粪便来建造蛹室的。

为了验证我的发现，我把将要化蛹的花金龟分别放进一些瓶子里，有的瓶子里放进了细小的棉絮，有的瓶子里放进了香芹的种子，有的瓶子里放进了萝卜颗粒，还有的瓶子里放进了一些很小的纸屑。但不管哪个瓶子，都没有放进一些书中提到的泥土，花金龟没有在意瓶子没有泥土的问题，就直接进了瓶子。这充分说明，花金龟建造蛹室用的是自身的材质，而不是外界的泥土。

花金龟会建立一个蛹室，在蛹里完成变态的过程。

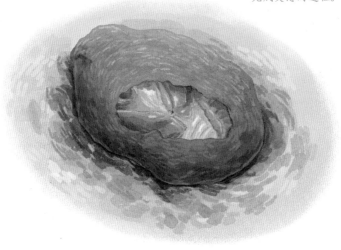

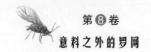

介绍完材质之后，我们开始来了解蛹室的建造。首先花金龟需要把原材料移动到身体的周围，移动的方法就是用自己的臀部推。随后，它再用自己的身体，把这些原材料压平整。接着，它再将这些材料固定起来，于是，一个卵形的小窝就出现了。

因为蛹室的建造过程是在蛹室的遮蔽中完成的，所以我们很难观察到它的这个建造过程，但我还是借助一些手段了解了这个过程的大概。事前，我挑选了一个还没有建成、蛹室壁还不太坚硬的蛹室，在其壁上挖了一个缺口。当然，缺口很小，否则花金龟就会因为缺乏安全感而放弃修补工作。

通过这个极小的缺口，我可以看到花金龟开始把身体蜷缩起来，呈现为圈钩状。这时，它发现了蛹室的缺口，有些焦虑，把头伸到缺口处查看究竟是怎么回事。随后，它把身体再次蜷缩起来，一用力，就排出了一小团粪便。这个时候，花金龟的脚异常灵巧。它用大颚咬住粪粒后，脚就可以非常快地把粪粒放在自己需要的位置，然后成功地把我挖的那个缺口修补好。

通过这次修补工作，我可以推断出一个重要结论，即花金龟是从体内自己加工建造蛹室的建造材料的，而且进行蛹室建造时，它们并不需要借助外界的力量，就可以独自完成。

瞬间，我觉得，花金龟的这种建造蛹室的方式，把卑俗变成了优雅，因为它们用本应臭气哄哄的粪便，建造出了美丽的蛹室，在这里，花金龟由幼虫变成了成年的花金龟，它们翩翩起舞于姹紫嫣红的花丛中，让美丽的春天显得更加春意盎然！

第二章

# 豌豆的开发者

——豌豆象

# 昆 虫 档 案

**昆 虫 名**：豌豆象

**绰　　号**：豆牛，豌豆虫

**身世背景**：豌豆象属于鞘翅目，广泛分布于世界
　　　　　　各地，法国大部分地区都有

**特征喜好**：豌豆象的成虫呈长椭圆形，颜色为黑色，
　　　　　　背部有淡褐色的毛，喜欢啃噬豌豆

**危　　害**：危害豌豆、扁豆等豆类作物；被豌豆
　　　　　　象啃咬过的豆类气味难闻，不能食用

**绝　　技**：豌豆象长着强有力的大颚，擅长钻孔

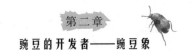

 豌豆的开发者

很久以来，人们都对豌豆给予了极高的赞誉。为了收获口感极佳、颗粒较大的豌豆，人们认真耕作，不断改善管理方式，可以说是用尽了一切可以用的办法，最后终于取得了成功。

时至今日，科吕麦拉、瓦罗等人收获豌豆的时代，早已经成为历史；那些紫花豌豆、小硬豌豆以及首个用岩穴熊的半颌骨来种植豌豆的人，已离我们很遥远了。所以，关于豌豆的起源问题，今天的植物学家们很难给出准确的答案。

实际上，又何止豌豆，现在存在的大多数植物，人们都不知道它的来源。因此，我们没必要花费太多的精力去寻找植物的源头，而是应该去精心培育它们。诸如小麦，人们是说不清楚它的来源的，即使在东方那些被称为农业发源地的地区，人们也不能在未被耕耘过的土地上发现自生自长的麦子。

再例如萝卜、小红萝、胡萝卜、大麦、黑麦、燕麦、笋瓜、甜菜及其他很多作物，人们也无法知道它们的起源。我们知道它们的生命是大自然赋予的，起初它们生命力旺盛，但果实粗糙，只能说是有一些食用价值，距离后来的农作物标准还有很大的差距。为了能够让它们结出高质量的果实，人类需要对它们进行精耕细作，并对它们进行不断改进。

当然，这些农作物虽然属于我们人类，可是人类并不是它们唯一的拥有者。在种植和存储粮食的时候，周围的昆虫也会赶过来吃这些农作物的果实。所以，人类大批量的种植和存储农作物的行为，一方面确实给人类自己带来了丰富的食物，另一方面也给昆虫带来了巨大的实惠。

免费享受到人类劳动成果的昆虫很多，豌豆象就是其中之一。平日里，它们安逸地躲在人类的粮仓里，用锋利的大颚把粮食咀嚼成了细小的粉末。

经过精心的耕种，豌豆可以结出
硕大、细嫩甜美的果实。

　　为了观察豌豆象的行动，我种植了几颗豌豆。豌豆的苗床散发的气味，吸引了豌豆象。缤纷的五月降临时，它们就来到这里寻找它们的食物。它们来得准时而又匆忙，但我却不知道它们来自哪里，它们就是在那个地方熬过了寒冬。

　　豌豆象个子不高，却强壮结实。它的脑袋不大，嘴巴又细又小，外表的颜色是褐色带有些许斑点，背后长着精致的鞘翅。

　　五月初的时候，它们来到这里，并在豌豆的花瓣下驻扎了下来。产卵的时候还没有到来，上午温暖的阳光照耀着青青的豌豆苗，豌豆象就开始与情人约会，享受着温馨爱情带来的快乐。中午时分，阳光变得灼热起来，约会的豌豆象被迫躲避到豌豆花的褶子里继续它们的约会。接下来约会继续，第二天，第三天，第四天……直到豌豆花房里膨胀出豌豆果实为止。

　　刚刚褪掉花蒂的豌豆荚，不仅细小扁平，而且非常娇嫩，产卵的豌豆象就把自己的卵产在了上面。这种排卵是有很大危险性的，因为此时的豌豆荚还太过于脆弱，没有长大，假如豌豆象的幼虫把它吃掉的话，那么在接下来的一段时间内，还没有成熟的幼虫可能会因为没有了食物而被饿

死。不过值得欣慰的是，豌豆象能够产出很多卵，所以即便有一部分不幸死去，也不会影响到豌豆象的种族繁衍。

五月底，豌豆基本成熟了，豌豆象的产卵工作也基本完成了。植物学家把豌豆象划分到了象虫科内，但豌豆象却与其他象虫科的昆虫有很大的不同。一般说来，其他象虫科的动物都有一个长喙，可以用来钻孔造窝，但豌豆象的喙却很短，这种喙用来吃一下甜食是可以的，用来做钻孔的工作时，却显得非常不合适了。所以，豌豆象建造房屋的方式注定与其他象虫科的昆虫不同。

豌豆象产卵发生在白天，这让虫卵的保护能力大为降低，炎炎的烈日和恶劣的气候都有可能摧毁虫卵。对于卵来说，必须有一种能够抵抗严寒、干燥、潮湿和困难的特殊体质，要不卵的处境就非常危险了。

上午 10 时，阳光还没有变得异常炎热时，豌豆象已经选择好了产卵的豌豆荚，它在选择好的豌豆荚上来回走着，并经常摇动自己的产卵管，很快就有一个卵被产了出来。卵被产下之后，就被没有任何遮挡地暴露在阳光下，豌豆象却不再管它们了。

豌豆象身着一件褐色斑点的灰色衣服，背后拖着扁平的鞘翅，身材不高但很强壮。

除了暴露在外之外，还有一个产卵位置的问题。有一些卵比较幸运，它们被产在了饱满的豆荚上，这就意味着幼虫出生后，会有充足的食物。还有一些虫卵被产在了干瘪的豆荚隔膜内，这里食物缺乏，这意味着幼虫出生后，寻找食物将比较困难。

数量问题也是一个比较重要的问题。一般说来，豌豆荚中的豌豆颗粒数量，和豌豆象的虫卵数量是不同的，按照豌豆象的食量来算，一粒豌豆是足够一只豌豆象食用的，可是当豌豆象的数量达到两个，甚至更多的时候，一粒显然是不够的。这也就要求，豌豆象的产卵数量必须要与豌豆果实的颗粒数相协调，大部分虫卵才能不至于被饿死。然而，豌豆象是不会自己控制产卵数量的，所以这必然造成一粒豌豆将会由多只豌豆象幼虫共同享用的情况。

统计显示，一个豌豆荚上的豌豆籽粒个数，是远远低于豌豆象虫卵的个数的。豌豆籽粒太少，虫卵太多，这个矛盾该如何解决呢？答案就是淘汰。豌豆象会成对产卵，两个虫卵叠放在一起。一般说来，虫卵孵化成为幼虫离不开阳光的照耀，所以叠放的那一对虫卵中，上面的那个会成为幼虫活下来，而下面的那个则会死去。不可否认，也有例外发生，即一对虫卵都孵化成为幼虫，但这种例外是非常稀少的。

豌豆象的幼虫颜色是浅白色，体型弯曲，还不到 1 毫米长，像一段非常短的带子。它会在豌豆荚上钻出一个小孔，进入豌豆荚里。

在豌豆荚里，豌豆象的幼虫会选择一个较近的颗粒居住。在放大镜下，我们能够清晰地看到这一过程。幼虫会先沿着垂直的方向，在豌豆上挖出一个坑，接着自己的半个身子先进入坑内。这个时候，留在坑外的那部分身体会不停地左右摇摆，目的自然是为前半身向里钻进提供力量。就这样，用不了多久，幼虫就钻进了豌豆的籽粒里。虽然幼虫钻进豌豆籽粒时留下的入口很小，但入口呈褐色，而此时豌豆的籽粒是淡绿色，逐渐成熟时还会呈现金黄色，所以颜色的差异可以让我们很容易看出入口的存在。

一个奇怪的现象是，一颗不太大的豌豆籽粒上被豌豆象幼虫钻出了

豌豆的开发者——豌豆象

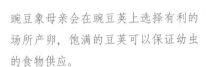

豌豆象母亲会在豌豆荚上选择有利的场所产卵，饱满的豆荚可以保证幼虫的食物供应。

一个坑，但豌豆的胚芽却依然没有遭到破坏，这是什么原因呢？这是因为豌豆象幼虫钻孔时，可以选择豌豆籽粒的任何地方，却就是没有选择豌豆籽粒下半部分用来发育胚芽的地方。

我们不用惊讶豌豆象幼虫的这种行为，因为在豌豆象幼虫的眼里，豌豆籽粒只是它的食物，它并没有想到要不去破坏豌豆籽粒的胚。它之所以这样做，有两个原因：一是进入豌豆荚之后，豌豆象幼虫是就近在籽粒上钻孔，而豆荚里的籽粒是紧挨的，它不太方便在胚附近钻孔。二是豌豆籽粒的下端长着一个瘿瘤般的东西，这种东西分泌出的液体会让豌豆象幼虫难以适应，只好主动躲得远远的。

此外，一只豌豆象的幼虫食量并不大，一粒豌豆已经够它食用的了。既然食物够自己享用，它只要留在自己喜欢吃的上半部分就足够了。但如果情况不是这样的，就会出现另外一种结果了。例如，一粒豌豆颗粒太小，上半部分不够幼虫食用，这个时候它就会毫不客气地用大颚把胚芽吃掉。相反，如果豌豆的颗粒非常大，则可能会导致其他豌豆象幼虫一起过来分享这颗豌豆。

我们知道，豌豆象的虫卵很多，而豌豆颗粒常常可能不够豌豆象幼

虫食用。这个时候，豌豆象的幼虫可能就会把其他种类的果实，诸如野豌豆、蚕豆等作为食物。因为情况不同，被豌豆象幼虫吃过的豆类果实，也会出现不同的情况。例如食物缺乏时，豌豆的颗粒被豌豆象幼虫吃得只剩下了一层皮；而当食物充足时，尤其是颗粒比较大的豆类植物果实，尽管表面有很多孔，但其胚芽还是完好无损的。

一般情况下，豌豆象的幼虫是多于豌豆荚里的籽粒的，而一只豌豆象幼虫占据一颗豌豆籽粒之后，似乎又不允许其他幼虫进入。那么多出的幼虫该如何生存呢？难道要被活活饿死吗？情况并非如此。

借助放大镜，我们会发现一粒豌豆上，常常会有五六个小斑点，甚至更多。尤其是在豌豆象产卵旺季的五月底到六月，无论是嫩绿的豌豆，还是已经被豌豆象幼虫抛弃的干瘪豌豆，上面都有很多个斑点，这表明有很多幼虫进入了一粒豌豆，它们在过着群居的生活。为了验证这一结论，我剖开了一粒豌豆，果然在里面发现了好几只豌豆象的幼虫，一起生活在豌豆籽粒内部的一个小窝中。

在一粒豌豆内，几只豌豆象幼虫相处得非常融洽。豌豆内部的窝不大，胖胖的幼虫需要弯着身子才能行动。进食的时候，幼虫们分开进行，各吃各的，互相没有干扰。每个幼虫的发育差不多，它们的食量、力量也基本相同，加之外界食物非常丰富，所以它们也不必为食物而发生争夺。

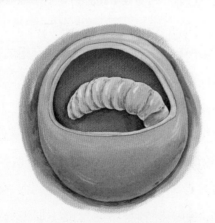

豌豆象幼虫会在豌豆粒中进行取食，最终一粒豌豆中会有一只幼虫存活。

但和谐并不是永久的。每一天，我都会剖开一些豌豆粒，然后把它放到试管里，观察里面幼虫的情况。起初，每个幼虫都在吃自己的食物。但一粒豌豆显然不够那么多幼虫吃，所以到最后时，常常只能有一只幼虫活下来，而其他幼虫则不幸地死去。

这种情况是如何发生的呢？一般说来，钻孔是一件很辛苦的工作，许多幼虫一起向中心位置挖掘，最后有一只到了豌豆的中心位置，并在这里安家落户。这个时候，其他幼虫宁愿死去，也不愿意赶走它的对手，于是它就会停止进食，并很快死掉，最后奇迹般地溶解消失。就这样，豌豆内剩下了一只幼虫。豌豆象幼虫的这种单纯、老实、听天由命的性格，很令我为之感动。

 ## 聪明的小豌豆象

在豆象类昆虫中，豌豆象的体积是最大的，这就意味着豌豆象生存时需要的空间也要大一些。所以，居住空间问题，也影响着豌豆象能够与其他幼虫共同生活的问题。

通常，随着幼虫的一天天长大，它们对空间的需求也在不断增大，而一粒豌豆则正好成为一只豌豆象的宽敞住房。这个时候，如果有两只，或者更多幼虫生活在这里，空间就会变得狭窄，所以豌豆象的数量必须减少，多余的豌豆象必须以某种形式消失。但如果在蚕豆内，情况则会不同。蚕豆的体积远远大于豌豆，所以在一个蚕豆内，完全可以划出多个间隔，容纳五六只豌豆象在这里生活，因此在蚕豆内，豌豆象是群居的。

蚕豆体积硕大，足够多个幼虫食用，但豌豆则不同了，它的体积太小，不够多个幼虫一起食用，那么为何还会出现多个幼虫一起吃一只豌豆的现象呢？这种现象是不太合理的，不太符合生命发展的规律，因为如果昆虫有足够的预见性，那么它们应该提前根据食物的多少来决定产卵的数量。

蚕豆也是很受豌豆象喜爱的食物，
它也拥有非常饱满的豆荚。

　　然而，豌豆象不属于那种有预见性的昆虫，它既不要体会减少排卵而产生的辛苦，又不要承受被迫增加排卵的痛苦。豌豆象的生活是有限的，它自己无忧无虑地在阳光下散步，在植物上寻找食物，却把大量的幼虫安置在豌豆荚内。这些幼虫居住拥挤，食物紧张，最后相当一部分在饥饿中悲惨地死去。所以，我有理由怀疑，豌豆象的这种做法是愚蠢的；作为母亲，它们的远见是不够的。

　　因为有以上推测，我不禁想在最初的食物分配时，豌豆象的食物可能是蚕豆，而不是现在的豌豆。这是因为，蚕豆体积大，可以提供充足的食物，可以容纳下 6 只豌豆象同时居住。同时，在各种豆类植物中，蚕豆被认为是最早的。尤其是在食物并不太丰富的远古时代，蚕豆那肥大的颗粒和鲜美的味道，让人们非常喜爱这种植物，所以人们开始尝试去种植它，这被认为是农业的开端。蚕豆被大量种植以后，出现较早的豌豆象，就在蚕豆上开始了自己的种族繁衍。

　　若干年过去了，豌豆出现了。虽然豌豆出现得比较晚，颗粒也没有蚕豆大，但人们显然认为豌豆的价值大于蚕豆，于是它们开始冷落蚕豆，大量种植豌豆。随之而来的是豌豆大量出现，而蚕豆则大量减少，于是豌豆

象也开始"移情别恋",把食物转移到了豌豆上。

变化,可能会带来好处,也常常会带来伤痛,豌豆象的这次变化就是如此。当豌豆逐渐普及以后,豌豆象的这次变化,使它拥有了更多的食物。但另一方面,具体到一粒豌豆上,其食物自然就会不够,空间也会不充足,如果豌豆象继续把多只幼虫放置在一粒豌豆上,自然会造成大量幼虫的夭折。

谈完这个问题之后,还是让我们去看一看那只因为其他幼虫死亡而孤独地留下来的幼虫吧!毫无疑问,它是幸运的,其他幼虫的死亡给它留下了充足的食物和宽敞的空间。豌豆的中心位置环境清静,食物充沛,幼虫每天的唯一工作就是进食,它不断地吃着,同时吃得越多,它居住的空间也就会越宽敞。

幸存下来的这只豌豆象生活得很健康,当炎热的夏天来临时,它就开始准备离开豌豆了。然而,此时的豌豆已经成熟,豌豆的硬度很大,如果没有工具,躲在豌豆粒里的豌豆象很难挖出一条道钻出去。但是不用担心,其实早在还是幼虫时,豌豆象就已经为今天的离开做好了应有的准备,原来当豌豆还不那么坚硬时,它就用锋利的大颚开辟出了一条内壁非常光滑的通道。

大山藜上能够开出一串串漂亮的花儿,它也是豌豆象的安家场所。

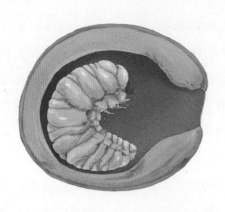

豌豆象幼虫会用自己坚硬有力的
大颚在豌豆上钻出一条通道，供
以后使用。

　　当然，仅仅挖出一条通道还会存在一个问题，即豌豆象的蛹期需要
保证安全，不能让其他昆虫顺着通道爬进来。针对这个问题，豌豆象早有
准备，在之前挖通道时，它就故意保留了一层半透明的薄膜，让企图进入
这里的昆虫被挡在通道外。豌豆象把这层保护膜设计得非常精彩，首先它
可以让外面的入侵者进不来，另一方面当豌豆象要出去时，只需要用头部
或者肩膀一顶，就可以让保护膜脱落。

　　为了研究豌豆象，我把豌豆皮剥去，但这样会让豌豆很快变得异常干
燥，不得已我只好把它放到试管里。我这样做，并没有对豌豆里的豌豆象
带来太大的影响，它们继续在里面生活，就如同在完好的豌豆里一样。等
到幼虫逐渐变成成虫时，它就开始准备逃出豌豆了。

　　换一种情况，即假如不把去掉皮的豌豆放进试管，而是直接裸露在外
面，这时豌豆象是不是会格外谨慎，每当挖洞挖到快接近豌豆表皮时，它
就会主动停下来，目的是用豌豆皮作为自己的保护层呢？实际情况并不是
这样的。即使裸露在外面，豌豆象依然会向外挖洞，一直挖到豌豆外部，
出口非常宽敞，如果有入侵者，它们可以一路畅通地进入豌豆象的居所。
对此，豌豆象似乎并不是非常关心。

　　那么为何在没有去皮的豌豆内，豌豆象的洞口会留下一层薄膜呢？
其实，豌豆象停止挖破表皮，是因为这里没有了豆粉，所以再挖下去就没
有什么意义了。就如同我们在吃豌豆时，一般会只吃豆肉，而把豆皮扔掉，

因为豆皮没有价值。因此，和人类一样，豌豆象是因为不喜欢吃豆皮，才在挖洞时，故意留下了一层豆皮。豌豆象的这种不喜欢，产生了良好的效果，它使这个本来没有什么逻辑思维能力的昆虫，适应了一种更高级的逻辑，并因此而受益。

八月来临了，黑点开始在豌豆上出现，每个豌豆上都有一个，几乎没有例外。显然，这些黑点是豌豆象逃出豌豆的出口。进入九月，出口外的保护层逐渐消失了，出口毫无遮掩地敞开着，于是，已经长成成虫的豌豆象大模大样地从里面爬了出来。

秋季是美丽的，也是短暂的，很快寒冷的冬天降临了，刚刚在秋天爬出豌豆的豌豆象，需要重新寻找过冬的场所。然而，还有一些豌豆象，它们之前并没有离开豌豆，现在自然也不用离开了，它们就在豌豆内，熬过了一个漫长的寒冬。直到第二年，天气转暖时，豌豆的通道薄膜才正式打开，它们才从里面钻出来。那时候，美丽的豌豆花已经盛开，它们又要开始新一年的忙碌了。

对于从事昆虫观察研究的人来说，发现生命的奇妙，发现昆虫无穷无尽的本能和各种各样的表现，是非常令人兴奋的。当然，我也不能否认，有些人并不怎么看得起昆虫学，也不怎么尊重研究昆虫的人，因为他们认为研究昆虫的人可能过于天真，甚至有些幼稚。

然而，我们应该认识到，如果我们能够掌握昆虫的习性，那将有利于保护我们的粮食；同时，掌握了昆虫的习性之后，我们还可以根据其习性，来调整我们的思想观念。例如对于贩卖豌豆的人来说，你没有必要去杀死豌豆粒的豌豆象，也不必害怕把被豌豆象损坏的豌豆和完好的豌豆放在一起，会让完好的豌豆也变坏。

这是因为当豌豆成熟收获的时候，损失已经造成了，此时你无论做什么都已经没有任何意义了。通过研究，我们知道豌豆象并不喜欢生活在粮仓里，因为它们更喜欢新鲜的空气，更喜欢和煦的阳光，更喜欢广阔的田野。尤其是平日里，成年的豌豆象只要在花上喝几口蜜就可以填饱肚子了，

豌豆成熟后，豌豆象会离开被
损坏的豌豆，这时完好的和被
损坏的豌豆就混杂在了一起。

所以它们没有必要去吃吃起来很费劲的豌豆荚。

问题出在豌豆象的幼虫上，它们需要吃一些还没有成熟的豌豆，为此，在豌豆正在发育时，豌豆象的幼虫就会躲在里面，一面吃，一面成长。等豌豆成熟时，它们已经发育成熟了。到了这个时候，豌豆象要做的是寻找机会，离开成熟的豌豆。如果它们没有离开，那么等待它们的就是死亡。也就是说，无论豌豆象飞走也好，留下也好，它们已经不能对成熟的豌豆造成任何损失了。

现在我们已经知道，豌豆成熟之后，去对付豌豆象是没有意义的，而在豌豆成长过程中消灭它们，则可以减少我们的损失。但豌豆象数量众多，又非常狡猾，虽然人们对它愤恨不已，它却毫不理会，继续在无数的豌豆上挖洞、破坏。

人是无奈的，但又是幸运的，因为有一种更为机灵的昆虫，能够帮助我们来对付豌豆象，那是一种小蜂，我把它称之为豌豆的守护神。我们知道，当豌豆象的幼虫躲在豌豆籽粒内生活时，为了逃生它们会在豌豆表层留下一层薄膜。这个时候，小蜂飞过来，用探刺尖头划开薄膜，在豌豆象的幼虫或者虫蛹上产下一个小蜂卵。这个时候的豌豆象还没有任何防御能力，它们会被吸干，最后只剩下一张皮而已。

第三章

# 神秘的盗贼

——菜豆象

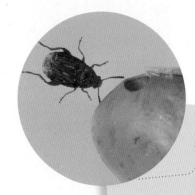

## 昆虫档案

**昆虫名**：菜豆象

**英文名**：Bean weevil

**绰　　号**：大豆象

**身世背景**：菜豆象是一种危害性害虫，分布于中美和南美地区

**特征喜好**：菜豆象成虫大约长2至4毫米，头部、胸部和鞘翅为黑色，披着一层黄色的绒毛，背面呈暗灰色

**危　　害**：菜豆象是许多种类的菜豆和其他豆类的重要害虫，危害储藏的食用豆类

**绝　　技**：能用强健的大颚钻孔

 **菜豆的来历**

在我们生活的尘世中，假如让上帝赐给我们一粒种子，那么当然是菜豆。这是因为菜豆不仅拥有好吃的味道和丰富的营养，而且它还高产，价格又比较低，穷人可以用它来填饱肚子，所以，它也就成了穷人的心理依靠。

今天，我说了这么多菜豆的优点，并不仅仅是为了歌颂它，而是想知道菜豆的起源在哪里。该如何确定菜豆的起源地呢？这时，昆虫给出了一些非常有用的信息。多年来，我对有关农作物的问题一直比较关心，我发现大多数农作物都受到象虫的侵害，而菜豆却是一个例外。

我就这个问题，请教了附近的农民，他也证实了我的观点。对于农民来说，对于谁侵犯了他们的财产，他们非常敏感，并能立即发现它们。谈及菜豆，农民说："豌豆、蚕豆等都有破坏它们的害虫，但菜豆却没有。菜豆是上帝赐给我们的种子，如果害虫连菜豆都要和我们争夺，那么我们这些穷人该怎样生活下去呢？"

菜豆营养丰富，味道鲜美，既高产又廉价，是人们餐桌上的美味。

正如农民所说，几乎所有的豆科植物，甚至连非常小的扁豆，都逃不过豆象的破坏，那么味道鲜美的菜豆为何能够得以幸免呢？答案就是菜豆并不是本地植物，它们是在很晚之后才迁移到这一地区的。所以，豆象们虽然对其他豆科植物的果实吃得津津有味，却对外来的菜豆并不熟悉，所以没有去打搅它们。

对于豆象们的赦免，除了解释为菜豆来自新世界之外，我们很难找到更为合理的解释。也许在它们的起源地，是有消费它们的昆虫的，但是迁移之后，那些昆虫却并没有随之迁移过来。于是，在这片新的土地上，本地的昆虫因为对它们不太了解而放过了它们。和菜豆一样同是外来户的马铃薯和玉米，也遭遇了类似的情况，除非它们原产地的害虫突然到来，否则它们是不用担心遭到害虫侵害的。

从古代的经典作品中，我们也可以获得支撑这一观点的论据。古罗马诗人维吉尔在其第二首牧歌中，曾经描写过特斯梯利丝为农民准备饭餐时的情景，里面涉及不少豆科植物，却没有提到菜豆。由此我们知道，那个时候的牧民还没有菜豆可吃。

古罗马的另一位诗人奥维德，曾经描写过一个生活在乡下的农民是

菜豆象多产于中美和南美，它们会危害储藏的食用豆类。

如何招待远方的客人的故事。奥维德用他细腻的笔触，描写了很多种饭菜，却唯独没有提到菜豆。菜豆是非常适合这一场景的食物，为何却没有出现呢？答案就是那时的奥维德还不知道菜豆这种食物。

同样是由于起源地不同的原因，本地的豌豆、蚕豆及其他豆科植物，能够抵抗寒冷和冰冻。秋季的时候，把它们播种到肥沃的土地里，只要气温有所回升，它们就可以生长得很好。然而，菜豆就不行了，稍微的低温就会让它无法承受，寒冷的冬季是它们无法忍受的季节。甚至在意大利南方稍微暖和的地方，情况也不会有多大改观。

## 菜豆的偷窃者

虽然在我们这一地区的菜豆没有受昆虫打扰，但在其原产地却是有的。当然，这种状况不会一直持续下去。商业交往为促成这种可能提供了良好的契机。例如，某一天，装有菜豆的袋子可能会一起带来以菜豆为食的昆虫。

不过根据我之前的研究所得，我知道在我们这一地区，还没有发现过损害菜豆的昆虫。为了寻找这种昆虫，我曾经咨询过当地的农民，也咨询过当地做饭的妇女。对于我的这个问题，他们反倒难以理解。

后来，有些朋友知道我在从事这个方面的研究之后，就给我送来了一斗遭到害虫损害的菜豆，这些菜豆据说来自马雅内。菜豆被损害的程度非常严重，里面有很多小洞，简直变成了海绵。出于职业习惯，我对这一现象感到非常好奇。菜豆内的虫子非常多，它们非常细小，在豆子里到处乱窜，和豌豆象有些类似。

送菜豆的人向我介绍了马雅内的情况。据说，那里许多庄稼都被这种虫子糟蹋了，当地农民损失惨重，以至于几乎吃不上饭。当地的人们非常痛恨这种虫子，却对这种虫子的习性不太了解，所以他们希望通过我的研究，来获得更多有关这种昆虫的信息。

受到菜豆象糟蹋的菜豆会变得千
疮百孔，这些菜豆象还会在菜豆
上乱窜乱动。

现在已到六月中旬了，我决定尽快进行实验。当时，我家的院子里种了一些比利时黑菜豆，这种菜豆成熟较早，现在枝叶很茂盛，菜豆有大有小，有些菜豆几乎已经成熟，但为了实验，我只能忍痛把它们贡献出来。

我找来一只盘子，抓了几把马雅内菜豆放在里面，然后把盘子放到黑菜豆里。凭借多年来我对豌豆象的观察，我推断，受到阳光的照耀，马雅内菜豆里的虫子会活跃起来，并开始在附近寻找食物，找到之后就会在那些植物上驻扎下来。很快，它们就会在那里产卵，因为豌豆象就是这样做的。

然而，事情的发展却和我预想的大不一样，我大惑不解。在最初的几分钟里，在六月骄阳的刺激下，昆虫确实开始爬过来爬过去，并稍微打开了一点鞘翅，并在附近飞来飞去，这似乎可以被视为起飞前的准备。过了一会，有一只果然飞了起来，但并没有飞向旁边的黑菜豆，而是飞向天空，最后消失在了空旷的天空中。我继续耐心地观察其他虫子，令我感到失望的是所有的虫子都没有选择黑菜豆，因此，这次试验没有取得预期的结果。

起初，我想，这些虫子在自由自在地飞了一段时间之后，也许还会再飞回来吧？于是，在随后的一周里，我经常检查黑菜豆，每一朵花，每一个豆荚都不放过。我失望了，因为没有发现一只菜豆像，更没有发现一个菜豆象的卵。

但是我并没有就此罢手，因为我还有两块晚熟的红菜豆。这两块菜豆地都位于梯形的田地里，中间隔开了一段距离，两块地的成熟期不同，一块是八月，另一块是九月，甚至更晚。这两块地都是为观察菜豆象而准备的，所以我决定等这两块地里的红菜豆到了季节时，我再进行试验。

试验开始了，菜豆象被我从瓶子里取出来，然后分批放到红菜豆的叶子里。每次放完菜豆象之后，我都非常耐心地观察，但每一次我都非常失望，因为试验每次都是失败的。转眼一个季节过去了，我浪费了很多研究时间，却一无所获，因为无论是豆荚上，还是菜豆上，我都没有发现菜豆象的任何踪影。但我并没有就此放弃，我要继续我的观察，周围的人也被我动员起来一起观察，却什么也没有发现。

我选择进行野外试验时，也没有放弃室内的试验。为此，我挑选了一些新鲜的菜豆荚放进了玻璃器皿中，并把一些菜豆象也放了进去。菜豆荚尽管还是绿的，但我却知道它们快要成熟了，因为彩豆荚中夹杂着些红色。

经过细心培育，我在玻璃器皿中的试验取得了一点成功，因为我在玻璃器皿中发现了一些虫卵。但情况并不乐观，因为我发现这些虫卵被排在了玻璃器皿的内壁上，而不是豆荚上。尽管如此，我还是继续观察，几天之后，幼虫们破卵而出，开始在玻璃器皿中活动了。然而，这些幼虫并没有去食用那些菜豆，最后它们全都一个接一个地死掉了。

这是怎么回事呢？我猜测菜豆象和豌豆象不同，对于不是自然成熟的干燥坚硬的豆荚，菜豆象是不喜欢的，更不会把自己的孩子放到这上面。所以，最后卵被排到玻璃器皿内壁上，接着幼虫被饿死，都是必然的。

此时，我心里不禁好奇，菜豆象需要的食物到底是什么？难道它们需要的是成熟的、坚硬的种子吗？这个要求很容易满足，我找到了一些在太阳下暴晒得已经熟透了豆荚放进玻璃器皿中。果然，菜豆象的幼虫非常喜欢这种食物，它们兴高采烈地在这些干燥坚硬的豆荚上乱窜，有一些已经钻进了豆子里。就这样，菜豆象在玻璃器皿中安起了家，开始了种族繁衍，事情开始按照我预想的那样顺利进行了下去。

由此可知，成熟的菜豆更容易吸引菜豆象的光顾，它们把卵产在成熟的菜豆上。等到农民收割菜豆，并把菜豆放进仓库的时候，实际上也就

放在玻璃器皿中熟透了的豆荚受到了菜豆
象的热烈欢迎，它们正忙着在上面钻孔。

把菜豆象一起放了进来。直到这时，我才知道菜豆象的真正目标是粮仓里
的菜豆。这不禁让我想到谷象，它对还未成熟的新鲜种子不感兴趣，对仓
库里的小麦却情有独钟，所以，它们喜欢把家安顿在昏暗的仓库里。

通过在玻璃器皿里的试验，我得出结论，只要让菜豆象进入仓库，
它们就会在这里定居下来，肆无忌惮地糟蹋仓库里的粮食。通常，菜豆的
肉能吃多长时间，菜豆象就会在里面驻扎多长时间。到了最后，菜豆内部
的肉就会被吃空，仅剩下一个空壳，一颗完好的菜豆就这样被豆象糟蹋了。

和豌豆象相比，菜豆象带来的危害更大。对于豌豆象来说，一般是
一个豌豆象占据一粒豌豆，它只吃蛹室所在的那部分空间，其他部分通常
会被留下来。所以，一堆被豌豆象光顾过的豌豆，其中还是有不少可以作
为种子长出新芽的；假如我们不感到厌恶，被豌豆象糟蹋过的豌豆，实际
上还是可以继续食用的。但菜豆象则不同了，这种由美洲传过来的昆虫，
会毫不客气地把菜豆的肉全部吃完，只剩下一堆毫无价值的豆皮，别说是
人，就连猪对这些如同垃圾的东西都不感兴趣。因此，这次试验的结果告
诉我们，菜豆象的施虐带来的危害是巨大的。

近三年以来，我试验的桌子上，一行一行地放置了好几打大小瓶子。
为了阻止空气持续流通，也为了不让异物闯进来，瓶子都被我用网罩密封
了起来。在这些瓶子里，是有一些诸如菜豆象这种"猛兽"的，根据我自
己的研究兴趣，我会给它们提供多种食物。

通过观察我发现，除了个别的菜豆有所例外之外，只要我为它们提供的是菜豆，不管是黑的、白的、红的还是杂色的；不管是细的还是粗的；不管是新收获的，还是放了几年的，甚至是在开水里煮过的，菜豆象都愿意接受，并欣然在里面定居。

当然，虽然菜豆象对各种菜豆一概喜欢，但它明显更喜欢被剥掉豆荚的菜豆，因为这让它们进入菜豆更容易。不过如果我不给它们提供剥掉豆荚的菜豆，它们也会接受并积极食用带豆荚的菜豆，毕竟在野生的田野里，它们就是这样光顾菜豆的。

一般说来，菜豆象猎食的范围主要在菜豆属这个范围内，但我却意外地发现，干豌豆、蚕豆、鹰嘴豆、薰黑豆和野豌豆等植物的果实，菜豆象也是可以接受的。只是它拒绝了扁豆，至于原因，可能是因为扁豆太小了吧。

通常如果一种贪吃的本来吃豆类的昆虫，开始转而吃谷物类农作物，那么情况将会变得进一步恶化起来。幸好，菜豆象并没有这种转化。我把大麦、小麦、稻谷及玉米放进了有菜豆象的瓶子，最后的结果是豆象们都死了。接着，我又把含油的蓖麻、带角的咖啡和葵花的种子放进瓶子，最后的结果和上面相同。由此我可以得出结论，菜豆象只吃豆类农作物，对其他作物一概不感兴趣。

菜豆象的卵是白色的，形状细小，呈圆柱体。成年的菜豆象产卵时显得漫不经心，有些卵被产在了玻璃瓶上，有些则被产在了菜豆上，还有些

不管是青的、红的，还是新近收摘的或者是储存了几年的各种菜豆，都能被菜豆象接受。

产在豆荚堆里的菜豆象的卵孵化后，从卵里出来的是长着红脑袋的幼虫。

产在了它们并不吃的玉米、蓖麻等种子上。卵的摆放也是没有规律的，有的是一只卵孤零零地摆在那里，有的则是摆成了一个小堆。

对菜豆象的观察继续，大约在 5 天内，卵被孵化了，白色的幼虫首先从卵里探出来一个红色的脑袋，接着就全部都出来了。菜豆象的幼虫很是精神，它昂首挺胸，显示出了旺盛的活力。还如此幼小的时候，它们就试图寻找自己的食物，表现出的活力令我感到非常惊讶！

菜豆象的繁衍速度很快，短短一年中它可以繁殖四代。此时有一个菜豆象家庭拥有 80 个成员。现在如果把数量减少一半，但需要保持雌雄数量一样，那么到了年底的时候，这个家庭的成员就会达到 404 个。这个数字非常惊人，可以想象菜豆象的这个繁殖速度，将会给菜豆带来巨大的破坏。

菜豆象的生活追求很低，在豆堆的缝隙内，它们就可以完成交尾。产卵期到来后，雌性菜豆象会把卵漫无目的地产到各处，很快一大批幼虫就会破卵而出。天气好的时候，菜豆象每过五个星期就可以繁殖一次。进入九月，最迟到十月，菜豆象的繁衍暂时结束了，新出生的菜豆象会躺在豆子颗粒里，静静地等待另一个夏天的降临。

了解了菜豆象的习性之后，我们知道假如菜豆象开始肆虐成灾时我们就采取行动，消灭它们也并不是特别费事。菜豆象喜欢躲在粮仓里生活，喜欢干燥的食物和干燥的庄家。既然如此，如果我们要想控制它们，只要在这些环节喷洒一定量的农药，问题就解决了。

第四章

# 捉不到的杀手

——猎蝽

# 昆虫档案

**昆虫名**：猎蝽

**英文名**：Vinchuca

**身世背景**：异翅目猎蝽科昆虫，种类很多，世界各地均有分布

**特征喜好**：头部窄小，头后有细窄的颈状构造，多数生活在户外，喜欢吸食各种昆虫体内的汁液

**绝技**：通过注射毒液杀死猎物

**武器**：螫刺

## 第四章

### 提不到的杀手——猎蝽

在一个很难获得惊奇发现的不大空间里，我遇到了猎蝽，这是我进行昆虫学研究的一个试验对象。猎蝽喜欢吸食死去的东西，所以又被称为臭虫猎蝽。为了研究这一试验对象，我特意拜访了村里的屠夫。屠夫非常热情好客，让我的试验进行得比较顺利。

很明显，我来到屠夫家里，是为了看到堆积剩肉残渣的地方，而不是为了看令人感到恶心的屠宰场。屠户明白我的意思，就带我去了他仓库的顶楼。顶楼的窗户常年都没有关闭过，房间异常幽暗。当时正好是夏季，仓库里臭味浓重，多年以后一回忆起那里，我还会有强烈的呕吐感。

我掀起一些羊脂下面的皮蠹和蛹，立即便发现了乱飞的大红眼苍蝇，它们发出嗡嗡的声音。继续翻动，我看到了一些昆虫聚集在一起，这些昆虫相貌丑陋，趴在那里一动不动，仿佛白色石灰墙上的一个又一个小黑点。我知道这些小黑点，就是我要找的猎蝽。看到我毫无惧色地摆弄这些令人恶心的虫子，屠夫异常惊讶。

臭虫猎蝽长得很难看，它身体扁平，颜色是树脂褐色，脚爪很长，但显得有些笨拙。猎蝽的脑袋奇特，如同手一样地连接在脖子上。猎蝽的喙和其他昆虫的喙很不一样，其形状弯曲，如同农民用的钩子。猎蝽的喙坚硬而又锋利，它既可以作为猎蝽的武器，又可以被视为猎蝽身份——屠夫的象征。

臭虫猎蝽是非常喜欢开发死东西的昆虫，一把薄薄的灵巧手术刀，便于它对猎物进行屠杀。

猎蝽引起了我的兴趣，我决定饲养它，观察它。

饲养之初，我要解决的第一个问题就是猎蝽到底猎什么东西？为此，我在一个短颈的大口瓶里铺上了一层细沙，把一些猎蝽放入瓶中。为了解决猎蝽的食物问题，我又把一只花金龟放了进去。次日，我发现花金龟已经死了，一根猎蝽的探刺插在了花金龟的尸体上。

尽管知道是猎蝽杀死了猎物，但我却没有能够亲眼看到它是如何攻击的。每一次，不管我起多早，我都会发现猎蝽已经完成了捕杀。猎蝽是什么时候开始捕杀的呢？观察猎蝽的那双鼓凸的眼睛，我得出结论，它们是在夜间发动捕杀的。上午，猎蝽们一直守候在猎物的旁边，享用它们的猎物，其方式就是吸干猎物省上的液体。当享用完成以后，猎蝽就会丢弃猎物。不再享用猎物的时候，猎蝽非常懒惰，它们惬意地躺在瓶子底的沙土上，几乎一动不动。当然，如果我继续为它们提供猎物，它们还会在夜间进行捕杀，然后再吸取猎物的汁液。

猎椿呈树脂褐色，前胸有闪光的凸纹，身体扁平得像只臭虫。

猎蝽把长着强有力的大颚、比自己大五六倍的螽斯屠杀并吸了个精光。

　　猎蝽捕杀的目标可以有多大呢？为此，我把一只比猎蝽大出五六倍，而且长有强有力的大颚的螽斯放进了瓶子。次日，我惊讶地发现，巨大的螽斯已经被猎蝽吸干了汁液。原来，猎蝽的进攻非常有效，只需一次强有力的攻击，就可以让螽斯一动不动了。

　　没有证据能够证明，猎蝽的捕猎技巧是如何精湛，那么它们是如何获得成功的呢？实际上是靠毒液。通常它们会找到猎物身体比较柔软的地方，快速地插进一根蜇针，快速地把毒液注射进猎物身体。跟库蚊有些类似，猎蝽的喙里藏满了毒液，而且毒性比库蚊还要厉害。能够在非常短的时间内，令一只比自己大好几倍的昆虫丧失活动能力，这足以说明毒性之烈。

　　我还记得在屠夫家仓库的顶楼上，猎蝽常常会食用那里的动物油脂。此外，和猎蝽一起的还有很多皮蠹，它们或许也是猎蝽的食物之一。为此，我不再向饲养猎蝽的瓶子里投放蝗虫，而是投放了一些皮蠹。皮蠹的数量很多，猎蝽的屠杀非常疯狂。每天清晨，我去观察的时候，都会发现瓶子的沙土上堆积了大量的皮蠹尸体。由此可见，猎蝽也许并不是那么喜欢皮蠹，但在没有油脂可食的条件下，它们就会毫不客气地攻击皮蠹，并把它们的汁液吸食得一点不剩。

然而，我知道猎蝽选择在屠夫的仓库顶楼定居，并不一定是为了那里的皮蠹。因为在野外也有皮蠹存在，猎蝽完全可以在野外捕杀到大量的皮蠹。那么猎蝽选择在这里安家的原因是什么呢？答案是为了自己的幼虫有充足的食物。

六月底快到了，在饲养猎蝽的瓶子里，我发现了一些猎蝽的虫卵。按照虫卵的数量，我开始估算猎蝽的繁殖能力。半个月的时间里，猎蝽产量惊人，一个雌性猎蝽大概产出了30到40个虫卵。

到了七月十五日前后，猎蝽的虫卵开始陆续孵化。清晨，我可以发现一些已经打开的虫卵，刚刚孵出的幼虫非常娇小，颜色是白色，它们喜欢在虫卵中间来回活动，非常活泼。一直以来，我都希望能够借助阳光，观看它们的孵化过程，但总是无法实现。其实，我早已经预料到，虫卵的孵化是在虫卵盖子下，于黑夜中进行的，所以猎蝽的这个秘密，我是难以发现的。

但我并没有放弃，因为我相信坚持就会有收获。然而，一个星期过去了，我还是没有观察到。我并没有灰心，直到一天早上9点左右，在灿烂的阳光下，一只猎蝽的卵盖竟然打开了。我看见卵盖的一边在慢慢地旋转，而另一边则是微微地抬起。这些动作进行得异常缓慢，如果不借助放大镜，肉眼很难看到。这个过程既艰难又漫长，盖子逐渐打开以后，通过这细小的缝隙，我可以看到先是隆起了一个薄片，同时虫卵的盖子继续向后移动，接着虫卵内逐渐露出一个像麦秸秆吹起的肥皂泡一样的球形囊泡。囊泡继续推动虫卵盖子向后移动，直到盖子掉了下来。

现在道路通畅了，只要弄破出口的薄膜，猎蝽的幼虫就可以出来了。那么它是如何出来的呢？方式就是爆炸。通过观察我发现，爆炸中没有液体溢出来，也没有看到固态的东西，所以爆炸采用的是气体。

爆炸是如何发生的呢？在虫卵内，幼虫被一张膜包裹着，这是幼虫离开虫卵之后才能脱去的最后一层外衣。在膜与卵盖之间，还有一个囊泡。随着幼虫变大，幼虫呼出的气体不断聚集，在囊泡内形成一个泡形的储藏室。幼虫不断吐出二氧化碳，囊泡就不断膨胀。

## 捉不到的杀手——猎蝽

被放在实验器皿里的猎蝽正在打开它的卵壳，以便幼虫可以顺利离开卵壳。

随着幼虫逐渐接近出壳，它的身体不断变大，呼吸作用不断加强，呼出的气体也不断增多。最后，等到压力达到一定程度的时候，就会发生爆炸。就这样，猎蝽的幼虫靠着自己的呼吸作用，把自己从虫卵中释放了出来。

猎蝽孵化的方式是奇特的，但并不是孤立的，实际上昆虫打开卵壳的方式是多样的，可以是弹簧式的，也可以是杠杆系统式的。但不管怎么说，猎蝽的这种爆炸装置和爆炸方式，还是很令人感到奇怪的。由此，我也得出了一个结论，即在进行观察时，只要有足够的耐心，我们是有可能获得巨大收获的。

凭借爆炸打开卵盖，离开虫卵之后，幼虫还要离开包裹着自己的那层膜。这层膜如同幼虫的紧身衣一样，虽然很紧，但是有接缝。为了撕裂这套紧身衣，幼虫就像做体操一样，不断地挣扎，不断地向后倾斜，不断地摆动身体。幼虫的努力很快让紧身衣承受不了了，它开始破裂，先是从胫甲、护腿套等几处开始，最后被撕扯得像破布一样细碎。幼虫终于自由了，它欢呼着来到了大自然中。

刚刚来到这个世界的猎蝽幼虫，腿很长，角也很长，体态多少有点类似蜘蛛，经常快速地跳来跳去。转眼两天过去了，幼虫要进餐的时间到了，但它还不能那么顺利去大吃一顿，因为在吃之前，它需要进行蜕皮，这也是它的第一次蜕皮。

完成蜕皮，吃完食物之后，幼虫们开始准备安家了。安家之后，幼虫把自己的喙插入已经变质的油精中，深深地吸上一大口，然后到沙土上慢慢消化这些食物。时间飞速流逝，幼虫的身体一天天变得粗大起来。半个月之后，它几乎变了样，身体胖乎乎的。

在这里，我还要反驳一下关于猎蝽的一个传统观点。曾经有人认为猎蝽非常擅长捕猎臭虫，并被誉为"捕臭虫高手"。这个观点抛出之后，很多人对猎蝽称赞不已。实际上，这种观点可能会存在一些误导，以为猎蝽喜欢把臭虫作为自己最喜欢的美味佳肴。其实，猎蝽更喜欢蝗虫或者其他一些昆虫，并不一定是非臭虫不可的。

此外，在猎蝽捕猎臭虫时，还存在一个问题，即当遇到猎蝽袭击时，臭虫一般会躲进狭窄的缝隙内，而身体比较宽大的猎蝽，很难把臭虫从其庇护所内捉拿出来。

因此，也许面具猎蝽确实曾经在黑夜中猎杀过臭虫，但如此少量的几次捕杀，就认为猎蝽是捕杀臭虫的高手，并大加赞扬，这是不准确的。

那么猎蝽的食谱究竟是什么呢？通常，幼小的猎蝽常常进食油脂。随着它的一天天长大，幼虫的食物开始丰富起来，几乎所有能够捕杀到或者能够找到的昆虫，它都吃。例如在屠夫的那个仓库顶层里，猎蝽除了吃油脂外，还吃苍蝇、皮蠹和其他死去的动物，所以屠夫的仓库成了猎蝽最喜欢的地方。

此外，还有一种观点认为，应该从书本上把"猎蝽是捕杀臭虫的猎手"这一说法删除。本来人们因为这一说法而对猎蝽充满赞扬，删除之后会怎么样呢？实际上，我认为删除之后，也不会损害猎蝽的荣誉，因为猎蝽是利用爆炸离开虫卵的昆虫，这才是猎蝽的特性。只有真实，才能赢得真正的尊重。

第五章

# 天生的几何学家

## ——隧蜂

# 昆虫档案

**昆虫名**：隧蜂

**身世背景**：隧蜂是蜜蜂的一种，形态差别很大，有的跟蟑螂一般大，有的比家蝇还小，令人难以辨别

**身体特征**：隧蜂的尾部有一道油光铮亮的钩槽，它的蛰针在发起攻击时就在这里上下运动

**喜　好**：隧蜂总是忙于采蜜工作，这是它们的一大爱好

**武　器**：蛰针

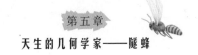

 **隧蜂小镇的威协**

你对隧蜂有所了解吗？也许你是不了解的。这也没有什么大不了的，因为我们即使对隧蜂一无所知，也不会妨碍我们领略生活的乐趣。但是我们不得不承认，如果我们坚持不懈地进行研究，即便是从卑微的虫子身上，我们也能够得到很多奇怪而又有趣的知识。所以，如果我们有丰富的时间，还是可以认真研究一下隧蜂的，因为事实会证明我们这样做是值得的。

和常见的密蜂相比，隧蜂身体要纤细一些。在个头方面，一部分隧蜂和家蝇的个头差不多，有的要比家蝇稍微小一点，但还有一些隧蜂的个头很大，甚至超过胡蜂。不仅个头差别很大，隧蜂的颜色也是千差万别的。

那么该如何识别隧蜂呢？假如你捕捉到一只隧蜂，察看它的末端，在隧蜂后背的最后一个体节上，你不仅会发现有发亮而又光滑的线，还会发现有细小而又精致的沟槽。这个沟槽有什么用呢？当隧蜂受到攻击而被迫采取防御姿态时，其螫针就开始发挥用场了，它沿着沟槽快速滑行，接着再上升。每一个隧蜂都有这种沟槽，因此，不管隧蜂颜色、体态如何千差万别，只要利用隧蜂的这个沟槽，我们就可以分辨它，故而人们又把隧蜂的这个沟槽，视为是隧蜂家族的标记或者徽章。

在我的观察研究里，将会有三种隧蜂，其中有两种和我关系亲密。因为我特别爱惜它们，尽量做到不占用它们的土地，所以它们应该感谢我，并在每年光顾我的园子。它们到来之后，为了促进邻居关系更加亲密，我几乎天天都去看望它们。

在我研究的三种试验对象中，斑纹隧蜂是最重要的。黑色与淡红色相间的条纹，环绕在斑纹隧蜂的腹部，看起来很美。此外，和胡蜂一样，斑纹隧蜂的身体十分苗条。这一切都让斑纹隧蜂成为整个隧蜂家族中非常重要的一支。

隧蜂也是辛勤的采蜜者，它们
也常在花间忙碌。

　　在选择宅基地时，斑纹隧蜂喜欢坚硬的土地。在我的园子里，有些地方的泥土是由鹅卵石和红色黏土组成的，当被踩过之后，这些混合而成的泥土就会变得格外坚硬。可想而知，这些泥土也就成为斑纹隧蜂的至爱，每当明媚的春天到来时，成群的斑纹隧蜂就会来这里修建自己的房屋。

　　隧蜂喜欢成群结队地在一起，经常一群隧蜂的数量可以达到100多只。因为有如此众多的隧蜂，所以，隧蜂安家的地方也就如同出现了一个隧蜂小镇。隧蜂不喜欢入侵者，因为它们都有各自的温馨住所。平日里，隧蜂小镇一片和平，一片祥和，因为小镇的"居民"之间彼此和睦相处，都是好邻居。

　　隧蜂修建房屋的工程在四月进行，在施工现场，我们并不能看到隧蜂忙碌的身影，因为它们都是在泥土下面的坑道里忙碌，外出露面的机会并不多。隧蜂很小，其房屋自然也很小，所以即使房屋已经逐渐成型，也难以引起人们的注意。因此，其他人走过我的园子时，一不小心可能会踩坏隧蜂的新居，甚至踩坏整个隧蜂小镇。为此，我在隧蜂小镇周围用芦苇编织出了一道栅栏，并在栅栏中插入一根木桩，木桩上挂着写了警示语的小旗子。

房屋很快就竣工了，但四月的气温可能还很低。隧蜂妈妈就躲在新居里面，认认真真地修缮着自己的房子，为孩子们营造一个最温馨的家。

五月来临了，隧蜂的新居已经修缮完毕。此时，气候逐渐转暖，花园里的蒲公英、向日葵等花儿开始盛开，刚刚修缮完新居的隧蜂，飞出了新居，飞进了这姹紫嫣红的花丛中。经过了一阵忙碌之后，隧蜂的嗉囊已经装满了蜂蜜，隧蜂的足也沾满了花粉，它们决定回去了，因为它们要把这些劳动果实带回隧蜂小镇。

飞回来之后，隧蜂后退着进入蜂房，先把花粉除下来，然后又把嗉囊里的蜜吐在了尘土堆上。一切完成之后，隧蜂再飞出蜂房，开始新一轮的忙碌。就这样，靠着这种周而复始的劳作，蜂房终于堆满了食材。

隧蜂要制作圆面包了。隧蜂妈妈开始揉捏花粉，并在面粉中加入蜂蜜，最后制成了外表有点像豌豆的圆面包。和我们人类所做的面包正好相反，隧蜂妈妈制作的面包表皮柔软，面包心却又干又硬。

隧蜂之所以制作出这种面包，是因为隧蜂幼虫的发育不同，进食的成分也会不一样。幼虫刚刚来这个世界，只能吃面包表层含蜜的粥状物，这一部分非常柔软，容易进食。随着幼虫一天天长大，它的进食能力也开始提高，这个时候它就可以食用面包又干又硬的核心部分了。

该如何喂养幼小的隧蜂呢？通常，它们会在蜂房里放上一些圆面包，接着再放进一个隧蜂的卵。每个蜂房开个小洞，就可以与隧蜂小镇中的那条公共通道连接起来。隧蜂妈妈可以通过小洞，自由进入蜂房。在隧蜂妈妈的精心照看下，隧蜂幼虫逐渐长大，变得丰满起来，并转化成蛹。到了这个时候，隧蜂妈妈就会用黏土制作一只盖子，堵上蜂房的洞口，把蜂房封闭起来，因为在以后的那段时光里，隧蜂妈妈将不再进入蜂房，虫蛹如何进一步转变只好听天由命了。

在隧蜂的世界里，我们看到的是关爱、呵护等家庭温馨的场面，然而这并不是隧蜂世界的全部，因为一场抢劫即将发生。五月的一天，我察看了一下隧蜂小镇。和平时一样，10点左右时，隧蜂们正在进行食物的准备工作，就在这时，一只不太惹人注意的小蝇入侵了稠密的隧蜂小镇。

小蝇属于双翅目，长相并不突出，长约0.5厘米，眼睛暗红，面部呈灰色，胸前灰暗，足呈黑色。在隧蜂小镇附近，这种小蝇到处都是，通常，它们会躲在隧蜂小镇附近，随时准备对隧蜂下手。

隧蜂们外出采蜜回来时，足迹常常会沾上很多花粉，这时，聪明的小蝇就会紧紧跟随在这只满载而归的隧蜂后面，如影随形。不一会儿，隧蜂飞回了自己的蜂房，小蝇却没有跟着飞进去，而是在门口停下来，向里面窥视。

隧蜂卸下了劳动的果实，处理完了蜂房里的一切，又要准备离开了。它先在门口里面停留一会，然后将头部和胸部伸出了蜂房门外。即使到了这个时候，在附近窥视的小蝇依然静静地等待着。

出于对隧蜂的关心，我多么渴望这时的隧蜂发现了危机的存在，并露出害怕的样子，然而这并没有发生。在一旁等待时机的小蝇，自然也不会表露出什么表情，于是在一场抢劫即将爆发的前夕，强盗和主人只是互相看了一眼，就再也没有发生其他事情了。

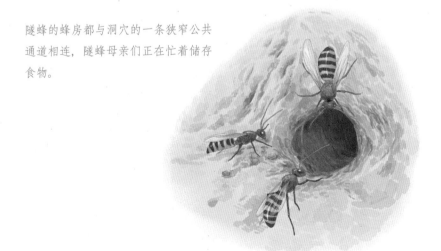

隧蜂的蜂房都与洞穴的一条狭窄公共通道相连，隧蜂母亲们正在忙着储存食物。

那么如果提前发现了小蝇的企图，隧蜂是否有办法对付呢？答案是肯定的。因为隧蜂可以用自己的大颚把小蝇咬死，也可以用自己的刺，刺穿小蝇的身体，把小蝇的内脏刺烂。然而，不知道是因为性格温厚还是因为无知，隧蜂并没有这样做，即便它发现了在自己家门口的小蝇有些嚣张，它也只是用翅膀拍打一下，却并不攻击这个强盗。

成年的隧蜂终于飞走了，没有了任何威胁的小蝇，猖狂地飞进了隧蜂的蜂房，肆无忌惮地挑选隧蜂储藏的食物。隧蜂采集花粉和花蜜需要很长一段时间，所以小蝇有充足的时间，在隧蜂的蜂房里自由自在地随意掠夺。等到勤劳的隧蜂采集了大量的花蜜和花粉回到蜂房时，强盗小蝇早已经飞走了，只留下了一片狼藉的蜂房。

当然，小蝇的这种寄生生活，并不像上面我所描述的那么简单。平日里，小蝇要耐心地等待入侵的时机，同时，还要面临随时遭到成年隧蜂攻击以致丧命的危险。

这种寄生生活也就决定了，小蝇繁衍自己的后代十分不容易。但是小蝇还是找到了自己繁衍后代的办法，即把自己的卵放在隧蜂的面包上。隧蜂的面包是在地下制作完成的，也是储存于地下的，所以小蝇必须侵入蜂房，才能把自己的卵放到隧蜂的面包上。

甚至有的时候，为了排卵，即便有隧蜂在蜂房里，它也会勇敢地闯进去。毫无疑问，小蝇的入侵是大胆的。它的这种入侵，既是一种侵占隧蜂食物的强盗行为，也是一种为了繁衍后代而采取的勇敢行为，贪婪的自私与神圣的母爱在这里融合在了一起。

为了印证我的这一发现，我挖掘了一些隧蜂的面包，发现一些面包变成了碎屑，被白白糟蹋了。在蜂房的地面上，我还发现了一些黄色的粉状物，里面有些蛆虫在不停蠕动。实际上，这些蛆虫就是小蝇的幼虫。

当小蝇的幼虫在隧蜂里成长的时候，隧蜂妈妈是怎么做的呢？它只要稍微看上一眼，就会发现自己蜂房里竟然有小蝇的幼虫。对于这些"仇人"的后代，隧蜂轻而易举就可以杀死它们，但隧蜂没有这样做，它表现

寄生昆虫小蝇会趁着隧蜂外出，偷偷进入它们的洞穴，将卵排在隧蜂的圆形大面包上。

得有些无动于衷。于是，那些幸运的小蝇幼虫们，就得以吃着隧蜂的食物而存活下来了。

小蝇是狡诈的，等到隧蜂的后代逐渐变成蛹，隧蜂妈妈即将封闭起蜂房时，小蝇意识到蜂房即将会变成坟墓，为了避免自己的后代被困死在这里，所以在蜂房还没有完成封闭时，小蝇就把自己的后代转移了出去，零落地分散在隧蜂小镇的井巷一带。

除了担心被困死的原因之外，小蝇的离开还有另外一个原因。炎热的七月来临时，小蝇的后代们恰好刚刚成蛹，但这个时候隧蜂们已经开始要进行第二代的繁衍了。隧蜂是十分爱干净的，在进行第二次繁衍时，隧蜂要打扫蜂房，已经成蛹的小蝇面临的遭遇将会非常悲惨，即要么被隧蜂发现，然后被隧蜂的大颚嗑得粉碎；要么如同泥沙一样，被清除出蜂房，在裸露的环境里，七月炎热的太阳和狂风暴雨，都可以非常容易地让小蝇的蛹死去。

隧蜂的愚昧无知和小蝇的狡诈，让小蝇取得了不小的成功。在隧蜂的第二次繁衍还没有开始的时候，为了研究这一入侵者，我检查了一处隧蜂小镇。这个小镇有 50 多处蜂房，是这一带比较大的一个隧蜂小镇。经过搜索我发现，这个隧蜂小镇似乎成了小蝇的天下，处于蛹状态的小蝇，

分布在小镇的许多地方。

为了研究这些入侵者，我把这些小蝇的蛹收集了起来。七月的酷暑并没有能够让小蝇的蛹苏醒过来。它们继续静静地躺着，开始收缩、变硬，我知道新生命正在蛹里潜伏着。这个时候，一贯喜欢入侵蜂房的小蝇也安静了下来，隧蜂终于可以安心地存储食物和繁衍后代了。因为之前小蝇的入侵已经给自己带来了很大的破坏，如果再继续入侵，隧蜂的数量就可能会锐减，生态平衡就可能会遭到破坏。

第二年的四月到来了，当隧蜂开始修建自己的房屋时，潜伏已久的小蝇开始逐渐变成成虫了。所以等到隧蜂的新居建好，开始外出采蜜的时候，小蝇已经做好了入侵的准备，新一轮的窥视、入侵、排卵又开始了。

隧蜂和入侵者小蝇的事情，假如仅仅是一种大自然的意外情况，我想我没有必要为了研究它们而花去这么多时间，因为对于一个庞大而又负责的生态系统来说，多一只或者少一只隧蜂，又有什么关系呢？

然而，在这个充满厮杀的生态系统中，一直有一条残酷的规律，即无论是低级还是高级，那些生产者都是被剥削者利用的，所以隧蜂与小蝇的关系并非特例，它也是符合这一残酷规律的。

人类是有智慧的，人类的地位高于其他一切地球生物，所以人类应该跳出这个残酷的规律，应该不同于那些处于食物链中的消费者。然而，人类却没有这么做，他们不仅要捕杀比自己低等的动物，还发明了大规模的杀人手段，对同类发起战争，发动抢夺。

在教堂里，每周都可以听到人们赞扬那个梦想——让凡人拥有渴望和平的善良心地。假如战争只涉及人类，那么通过热爱和平的人们的共同努力，人类也许真的会获得和平。然而，人类的灾祸也有部分是昆虫带来的啊，它们不听理智支配地固执存在着，让我们悲观地认为，未来的生活会和今天的生活一样，屠杀永不会停止。

于是，人们想象出了一个拥有超能力的巨人，他可以摧毁地球上的一切。如果把地球放在他的手下，他会把地球捏碎吗？按照那条残酷的规律，他会毫不犹豫地这样做，并且说："地球如同一个生了虫子而且已经烂得不堪入目的果子，是迈向更加文明的一个阶段而已，所以我捏碎了它。我们应该学会顺其自然，只有这样，我们才能获得真正的秩序与正义。"

## 隧蜂家族的来历

对于大多数人来说，童年时期离开家乡，或许是一件好事，因为童年时期会希望看到一些新鲜事物。然而，随着岁月的流逝，我们开始逐渐长大，就会有一些遗憾出现，在我们的脑海中对那个小村子的思念会逐渐强烈，小村子的形象也会逐渐变得完美，并像浮雕那样高于现实地凸显出来。

三十多年后的今天，我即使不睁眼，仍然能够走到那块平坦的石头那里，因为多年前我曾经在这里聆听过清脆悦耳的铃声。我敢说，只要这块石头没有被移动或者粉碎，即使这里的一切被扰乱了，甚至铃声被破坏了，也被蟾蜍的居所破坏了，我依然能够找到它。

抛开那块石头、蟾蜍的居所等一些回忆，我经常思念的还是童年时期所在的那个父亲的园子。那个园子长约30步，宽约20步，因为位于村子的最高处，所以又被称为是悬空的小花园。

园子里种满了苹果树，除此之外，几乎就没有其他树木了。除了树木之外，园子里还有一些蔬菜，如甘蓝、萝卜、葛苣和酸模等，所以父亲的这个园子真有点像是个菜园子。尤其值得回忆的是，在后院的土墙上有一排葡萄架。当时，在整个村里的其他地方都没有葡萄树，所以这些葡萄显得非常奢侈，令周围的邻居们羡慕不已。金色的秋天到了，园子里的果子成熟了，把果子摆放在草垫子上，就可以狼吞虎咽地吃了。所以，在我的心目中，父亲的这个园子是我的一块幸福之地。

我脑海深处的这些记忆，可能和读者并没有什么关系。然而，我要

说这些记忆对我是如此重要，如此亲切，它们像是透进我思想的微弱光亮，照亮了我的内心。它们深深地藏在了我的心底，随着时光的流逝，这些记忆不仅不会被冲淡，反而得到加深。

昆虫对于早期见到的东西会过了很久依然难以忘怀吗？对于群居的昆虫来说，它们早年曾经在某处定居，时隔很久以后，它们还会怀念自己曾经定居过的地方吗？答案是肯定的，它们不会忘记自己的故乡，它们会重新回到这里，去对它进行修葺，重新住在这里。

这种现象在很多昆虫中都有体现，例如住在我园子里的斑纹隧蜂，从它们的实际行动中，我们能够清晰地看到它对自己故乡的热爱。通常，每只隧蜂幼虫在蜂房里生活上两个月，就逐渐发育成为成虫了，这个时候已经是六月底了，它们纷纷离开了家。这时的隧蜂应该和我离开家时的情景有些类似，关于家的一切美好记忆都已经镌刻在了它的脑海里，成为它一生最美好的记忆。

过了一段时间，这些飞离了蜂房的隧蜂像游子一样再次回到了蜂房。此时蜂房已经发生了很大的变化，当年自己居住的家，现在已经成为家庭成员的共同财产。我饲养的三种隧蜂，几乎有一个共性，即它们每年繁殖两代，春季的时候是第一代，这一代只有雌性隧蜂；夏季繁殖第二代，这一代雌蜂、雄蜂都有。

从外面飞回来的隧蜂显然属于第一代，现在它们飞回来了，当时隧蜂妈妈的房屋将由哪个隧蜂继承呢？实际上，这并不会引起财产纠纷，它们将一起共同拥有这些房产，和平相处。在隧蜂小镇里，每一只隧蜂都有一块自己的空间，当房屋不够用时，它们就会靠辛勤劳动为自己营造出一个新居。

可以想象等第一代隧蜂飞回蜂房时，房屋注定是不够居住的，所以每一个即将成为妈妈的雌性隧蜂，都将开始动手搭建属于自己的房屋。洞内开始忙碌起来了，洞口也热闹非常。因为初夏已经来了，鲜花已经盛开，采蜜和采集花粉的工作也需要抓紧进行，一些隧蜂已经迫不及待地投入这

项工作中。隧蜂家的洞口并不大，一只隧蜂经过自然可以顺利进出，但如果好几只同时等着进出，洞口显然是不够用的。尤其是当满载而归的隧蜂经过洞口时，稍微有些碰撞，它辛苦采集回来的花粉可能就会掉落。

当然，我们并不需要为隧蜂的进出洞口而担心，因为它们有一套自己的秩序。通常洞口拥堵的时候，最靠近洞口的那一只隧蜂率先经过，紧靠它之后的随后跟上。就这样，隧蜂一只挨着一只地全都经过了洞口。观察过它们经过洞口的那一幕后，我发现隧蜂是非常懂得维护秩序的。

其实，隧蜂表现的不仅仅是对秩序的遵守，还有相互之间的礼让。我经常看到在洞口，回巢的隧蜂与外出的隧蜂相遇的情况，此时回巢的隧蜂通常会给外出的隧蜂让路。当然，外出的隧蜂也懂得礼让，有时它刚要出洞，恰巧看到有隧蜂要进洞，这时它就会把刚刚露出的头缩回去，让回巢者先进来。

隧蜂在春季挖掘的洞穴，到了夏季就成了家庭成员共同的居住地。

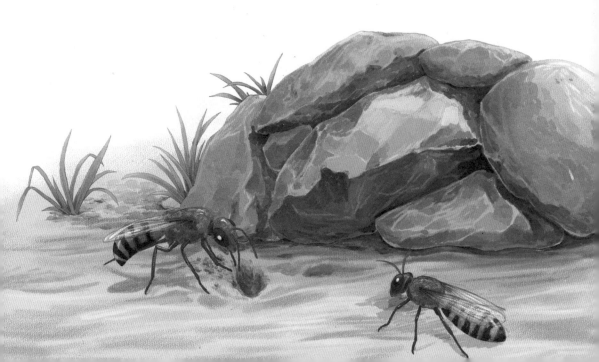

此外，在遵守秩序和礼让之外，隧蜂之间还有一种更为高级的维护交通秩序的方式。通过观察可以发现，当一只隧蜂回巢时，那扇在洞口的翻板活动门就会下降，洞门打开，让隧蜂进入。隧蜂进入之后，活动门再次上升，洞门关闭，一切又都恢复了原来的样子。当有隧蜂要离开时，情况也是如此。

在隧蜂的世界里，怎么会有沉降、上升、打开、关闭这些应该只有人类才有的东西呢？毫无疑问，隧蜂当然无法通过机械手段完成这些复杂的动作，完成这一切的只不过是一只成为守门人的隧蜂，它用自己的大脑袋在门口形成了一道会活动的门。这位守门人除了开门关门，间或捕捉企图闯入到这里的入侵者之外，其他时候只是静静地守候在洞门口。

这只充当门卫的隧蜂引起了我的兴趣，我在洞口仔细观察了它，从体型上看，这只隧蜂和其他隧蜂基本一样。不同的是，这只隧蜂的脑袋光秃秃的，后背的毛也脱掉了很多，这是守卫工作让它付出的代价。

它是怎么被选择成为门卫的呢？实际上，这只隧蜂是这个隧蜂家族的创建者，也是辈分最高的长者。几个月前，它孤独地为这个家庭修建了房屋，并繁殖了第一代隧蜂。很快，它的第一代孩子长大了，成为这个家族的劳动者，并都已经有了各自的后代。所以从家族关系上来说，充当门卫的那只隧蜂，是正在劳动的那一代隧蜂的妈妈，是正在抚育的第二代隧蜂的祖母。

已经成为祖母的这只隧蜂，已经没有了产卵的能力，也不需要外出采集花粉了，但它不愿意就此颐养天年，而是选择了充当家族的门卫，把那些居心叵测、意图闯入自己家的入侵者挡在门外。

隧蜂洞内的蜂蜜味道很容易吸引蚂蚁的光顾，这个胆大妄为的家伙，还试图从这里搞到自己的食物。蚂蚁的出现引起了门卫隧蜂的警觉，它摇晃了一下脖子，抖了抖肩膀，向蚂蚁发出了警告："赶紧滚吧，否则就对你不客气了！"

门卫隧蜂的警告有时会起到效果，但有些蚂蚁太过于贪婪，一直徘徊在隧蜂的洞门口不愿意离开。门卫隧蜂终于出手了，它扑向蚂蚁，用身体推搡它，驱逐它。这时蚂蚁才意识到门卫隧蜂动真格的了，这才灰溜溜地离开。赶走了蚂蚁之后，门卫隧蜂再次回到洞口，静静地在门口守卫着。

自然界中常常有一些不劳而获者，手脚笨拙的切叶蜂就是其中之一。这种昆虫不会给自己建造房屋，一心只想占用其他昆虫的。在寻找新家的过程中，它们很容易发现进入隧蜂家的洞口。然后它们把头伸进去打探情况。遇到这种情况，门卫隧蜂通常会采取两种做法：一是升起活动门，堵住洞口；二是打出几句暗语，切叶蜂知道这是隧蜂的家，就会立即离开。所以，切叶蜂的到来并不会引发战争。

成为祖母的隧蜂是可敬的，但有时候又有些可怜。七月中旬天气异常炎热，年轻一代的隧蜂们衣着光鲜，在隧蜂小镇飞进飞出，整个隧蜂小镇也跟着异常热闹和繁华了起来。然而，热闹和繁华却与隧蜂祖母没有多大关系，此时它已经容颜苍老，体力衰退，更不幸的是，偶尔的外出会让它迷失了回家的路。

隧蜂守卫者面对在洞穴周围转悠的蚂蚁，会毫不犹豫地将其驱离。

找不到自己的洞口怎么办？重新新建一处蜂房，不仅自己体力不济，即使建成它也不愿意一个人独守空房。于是，它去寻找附近的蜂房家庭，希望能够为它们站岗放哨。但不幸的是一个家庭只要一个门卫就足够了，假如两个隧蜂在一起反而会把洞口堵上的。所以结果是可想而知的，那些忠于职守的其他门卫隧蜂，毫不客气地拒绝了这个找上门来的求职者。

通过仔细观察蜂房内的隧蜂，我总结出了斑纹隧蜂的一些生活环节。春天来临时，隧蜂妈妈把蜂房建造好，接着它就躲在了隧蜂小镇洞穴的底部，这里狭窄、灰暗而又肮脏。炎热的夏季到来后，年轻的一代隧蜂成为家庭的主力，隧蜂妈妈变成了隧蜂祖母，主动承担了门卫的职责。为了保护这个家庭，它需要经常面对来自各个方面的攻击。

清晨，空气清凉，因为没有太阳的照耀，田野里的花粉还没有被晒热。这个时候，青年的隧蜂们就躲在蜂房里，边休息边等待，而门卫隧蜂则没有那么清闲，因为它依然要守卫洞门。此时，如果窥测洞口，可以看到门卫隧蜂正躲在洞门口附近，它的头几乎与洞口平齐，构成一道坚固的墙壁。假如我继续向洞口前进一些，门卫隧蜂就会非常警觉地向后退，静静地躲在深处的阴影里，等待着我尽快离去。

门卫隧蜂的忙碌时间，和劳动隧蜂忙碌的时间基本一致。夏天的上午，到8点时太阳已经升到了很高，向大地发出炎热的光芒，花粉的温度也随之提高。在蜂房里等待的劳动隧蜂开始出动了，它们一个个地从洞口飞出去。于是，负责守卫洞口的门卫隧蜂也跟着不停地为它们开门。等它们采集完花粉回来之后，门卫隧蜂又要再一次地为它们开门。

忙碌一直持续到中午，这时气温已经很高，劳动隧蜂只好躲在居室里，为即将诞生的下一代制造圆形面包。几乎没有隧蜂需要进出洞门口了，但门卫隧蜂并不能就此休息，为了保卫这个家庭的安全，它还需要守卫在洞门口，用光秃秃的脑袋把门洞堵起来。即便是到了日落时分，甚至夜幕降临，其他隧蜂都休息了，门卫隧蜂依然要坚守岗位。

门卫隧蜂本来只是一只普通的雌性隧蜂，也是一个普通的隧蜂妈妈，

隧蜂在菊科植物上收集花粉，辛勤劳作，但一旦
到了交配季节，它们就会大量进食。

等它完成了妈妈的使命之后，才会成为家庭的守护者。早在五月的时候，尽管它身强力壮，但胆子却非常小。可是，当体力衰老之后，它突然变得勇敢起来，做了连年轻时都不敢做的事——充当守卫者。由此可以得出结论，这种守卫能力是突然产生的。

门卫隧蜂没有经过实习，就担任起了守卫者一职，但它做得却很称职。对于即将出现的威胁，它能够敏锐地意识到；对于入侵者，无论是高的还是矮的，无论它们来自哪个种族，无论长着什么样的面孔，它都可以毫不留情地把它们赶走，如果有入侵者胆敢不走，它就会用大颚发动攻击，将对方的肚子夹烂。

隧蜂为什么突然会有这种能力呢？一种可能的原因是，五月的时候，当它处理家务时，发现入侵者小蝇对自己的家庭带来了很大的破坏。通过这件事，它对入侵者有了一定的了解，所以当再有入侵者企图入侵，或者正在入侵时，它就会立即惩罚它们。

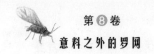

但我认为，从隧蜂诞生以来，它们的祖先们可能就已经受到小蝇，或者类似入侵者的入侵，但它们并没有由此而吸取到经验，更没有因此而采取一些补救措施，所以到了今天，这种情况可能也不太有大的改观，所以祖母隧蜂突然具有了守卫能力，和五月份灾难的警醒并没有多大关系，和经验积累也没有多大关系，只是基于一种自身的本能而已。

时间很快到了九月，门卫隧蜂的孙子辈们——第二代已经长大了。和第一代只有雌性隧蜂不同，这一代隧蜂雌雄都有。在秋天盛开的菊花上，我就曾经看见过一雌一雄两只隧蜂。眼看着天气一天天转凉，第三代隧蜂们却并不急着去采集花粉，而是在彼此嬉戏，因为现在是它们的交配期。

大约15天之后，雄性隧蜂失去了继续活下去的意义，而具有生殖能力的雌性隧蜂却活了下来。虽然活了下来，但接下来的日子并不好过，严寒很快降临，它们必须熬过寒冬，一直熬到次年的四月，才开始过上正常生活。

最难熬的当数一月，这时北半球的气温降到一年中的最低值。此时，隧蜂的旧居早已经是蜂去楼空，雨雪的侵蚀让这里变成了一片废墟。对于隧蜂是如何熬过寒冬的，我并没有搞清楚。只是知道它们会在偶尔找到的比自己的蜂巢更好的地方定居下来，撑过被白雪覆盖的寒冬，所以，冬季时的隧蜂小镇也没落了，曾经的小镇居民现在已经分散到了很多地方。

次年的四月姗姗而来，和煦的阳光再次普照大地，那些不知道躲在什么地方的隧蜂，突然有一天从四面八方飞了出来，聚集在了一起，我的园子再次成为它们的定居之所。选址结束之后，工程也随之开始，一个坑道被挖掘了出来，不远处又出现了一个坑道，接着是第三个，第四个……有时候在一片不到一米的地方，竟然能够挖出50多个坑道。这个时候，隧蜂小镇已经颇具规模。

看了这个场面，我常常在想，隧蜂选择群居可能是因为它们乐意在一起干活，又或者因为它们彼此有过交往。对于那些爱好和平的昆虫来说，因为这两个原因而选择群居是非常普遍的。平日里，它们把自己辛苦弄到的食物，存储到自己家里。虽然彼此的家距离很近，但因为它们的食量很小，所以不必为了争抢邻居们的食物而大动干戈。

虽然彼此居住在一起，但隧蜂之间的来往并不多，甚至可以说是互不往来，看到邻居需要帮忙，它们不会伸出援助之手；看到邻居遭难，它们不会打抱不平，而是躲得远远的。当然，比邻而居并非一无是处，它们在一起筑巢，一起劳动，场面热火朝天，可以提高劳动积极性。对于它们来说，在集体劳动中挥洒汗水这本身就是巨大的快乐，本身就能带来巨大的满足感！

春天的时候，随便找一找就会看到隧蜂的巢穴，它们的分布范围非常广泛，数量十分惊人，这很容易让我想到数量同样惊人的蚁穴。在一条普通的羊肠小道上，很容易发现一个又一个隧蜂筑巢时挖出的土堆。在这条小道上散步，尽管我非常谨慎小心，还是会踩踏好几个蜂巢。但是我知道我的踩踏并没有损坏到地下部分，所以只要从塌下的地方重新修缮一下，蜂巢还是可以继续使用的。

隧蜂群体的密度非常大，在一平方米的土地上，蜂巢土堆的数量可以达到 40 到 60 个。而拥有这种密度的这块土地，大约有 1000 米长，1 米宽，那么在如此大的一块土地上，隧蜂的数量又会是多少呢？之前面对小范围内的隧蜂群体，我曾经称呼它们是隧蜂村，或者隧蜂小镇，那么在这儿，面对如此大规模的隧蜂群体，我该如何称呼它们呢？隧蜂城市，这个称呼应该不算夸张吧？

对于隧蜂为什么会在一起居住，以致于形成如此巨大的规模，我还搞不清楚背后的原因。据我猜测，群居本身的诱惑力才是社会形成的最重要原因，隧蜂也不例外。在隧蜂的世界里，尽管居住在一起的它们并不互帮互助，但它们却会有相逢的愉悦，正是这种愉悦把它们吸引到了同一个地方居住，这和大海里的沙丁鱼或者鲱鱼会在同一片海域生活是一个道理。

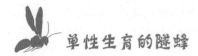 **单性生育的隧蜂**

　　提到隧蜂，我忍不住想到了一个关乎生命而又难以解决的问题。让时间倒退到 25 年前，那时我居住在草原里的一处孤立的房子里。这里阳光明媚，环境优美，土地适宜。在一片和谐的氛围中，猫儿半闭着眼睛睡觉，大人们在这里劳作，孩子们一起愉快地玩儿，场面异常热闹。

　　这样的场地，似乎不太适合隧蜂修建自己的蜂巢。然而，或者是这里的阳光、土地和宁静太具有诱惑力了，我在这里还是发现了圆柱隧蜂的身影，并看到了它们在这里繁衍昌盛。

　　五月悄然降临了，圆柱隧蜂开始了一年的忙碌生活。对于这种昆虫来说，在它们身上体现出来的"社会学"的痕迹很少。它们各自过着自己的生活，每只隧蜂妈妈自己照顾自己的卵，自己抚育自己的幼虫，自己为自己的后代建筑房屋，自己为自己的孩子采集和存储粮食，它们既不互相帮助，也不互相干扰。唯一能够体现它们群居特征的是，在飞出各自的蜂房之后，蜂房外面的通道和大门是由它们共同使用的。

　　圆柱隧蜂非常喜欢自己的蜂巢，每天太阳落山时，大部分家庭成员都会飞回蜂巢。有时候在白天，假如天上飘着雨点或者有大风，它们也会快速飞回自己的蜂巢，躲避这些自然灾难。

　　产卵期很快就要到来了，隧蜂自然也会选择飞回蜂巢。这时即将成为妈妈的雌蜂发现，蜂巢内的地道格外拥挤，而且太过于吵闹喧哗。为了自己的后代，它们决定重新挖出一条新的通道。由于很多雌性隧蜂都会这样做，所以不久之后，在隧蜂群居的地方就会出现，新路和老路盘根错节纵横交错的现象，仿佛一座迷宫。

　　要判断隧蜂何时开始挖路很简单，每天清晨经过蜂巢，很容易发现蜂巢门口有一堆圆锥形的新土耸立在那里，所以隧蜂是在深夜施工的。当

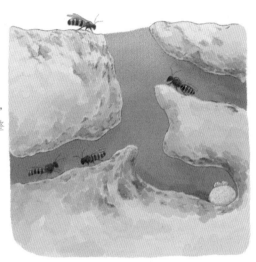

产卵期临近，隧蜂在旧居忙碌起来，挖掘出的新路和旧路纵横交错，整个洞穴就像个迷宫。

东方的天空开始发亮，一轮红日缓缓爬出地平线时，隧蜂就要结束挖路工作，开始白天的觅食了。隧蜂们出门去觅食的时间并不一样，有些在太阳初升，草叶上还挂满露珠的时候就开始觅食了。当它们满载而归落在蜂巢外的那堆新挖出的土堆上时，另外一些隧蜂才刚刚走出大门，开始它们的觅食工作。

观察了很久，我看到的只是雌性隧蜂，却没有看到雄性隧蜂的身影，这让我感到有些惊讶。我想既然在隧蜂的洞穴附近找不到雄性隧蜂的身影，那也许是因为它们飞到其他地方去了。于是，我去了田野，还带着捕捉它们的捕虫网，但依然是一无所获。直到九月来临时，在田野里才可以发现雄性隧蜂的身影。

没有雄性隧蜂，蜂巢里只剩下了隧蜂妈妈。我们推测它们要在蜂巢里繁殖好几代，当然至少有一代中会包含雄性隧蜂。于是，我决定继续观察它们。然而，在随后的一个多月时间里，洞穴里突然静了下来，连一只隧蜂都难以发现。隧蜂筑巢的地方是羊肠小道，每天都有很多人经过这里。行人没有顾及隧蜂那不起眼的蜂巢，它们毫不留情地踩在了蜂巢上。很快，蜂巢洞口的土堆被踩平了，泥土被踩结实了，外人根本无法知道隧蜂就是

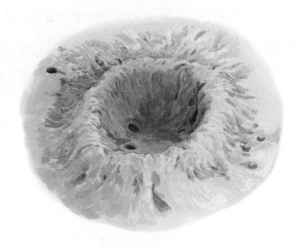

在七月近一个月的时间内，隧蜂都在洞穴里进行着
变态的过程，很难看到它们的身影。

在这样结实的土地下面，利用土地的余温，孵化出了自己的后代。

七月到了，我突然发现沉寂很久的蜂巢外多了几个新土堆，这表明沉寂很久的隧蜂，又开始在地下挖掘地道了。

我知道通常情况下，雌蜂要比雄蜂成熟得晚一点，所以它离开蜂巢的时间也要晚一点。为了消除心头的这点疑虑，我决定强制性地挖开蜂巢。此外，强制挖掘还有两个好处，一是可以在雄蜂和雌蜂离开之前，把蜂巢看个清清楚楚；二是可以节省我长时间监视的烦恼，避免漏掉一些重要的细节，因为无论我监视得多么仔细，都可能会有所疏忽。

于是，我找来了铲子，毫不客气地开始了挖掘工作。隧蜂的蜂巢并不大，很快我就挖掘到了地道的尽头，并挖出了很多土块。蜂巢就在这些土块里，为了仔细地观察它们，我非常小心地打开了这些土块。

在打开的土块内，我发现很多隧蜂，它们都待在蜂房里羽化。它们的色泽有白色的，也有烟褐色的，还有几乎没光泽的，这代表它们处在不同的羽化时期。一下子收集到如此多样的、处于不同时期的隧蜂，这让我很兴奋。

我找来了一个盒子，在底部铺上了一层新鲜柔软的细土，然后把收集到的隧蜂蛹和幼虫放了进去。过了不久，它们开始发生变化，通过观察我发现它们全是雌性隧蜂。做完观察、统计工作之后，我又把它们全部放回了大自然。

不同的洞穴内隧蜂的性别比例会不会有所不同呢？为了印证这个疑问，我决定再挖开一个洞穴。在距离上次不远的地方，我开掘了一处隧蜂洞穴，并收集到了一些隧蜂以及一些幼虫、虫蛹。我依然按照上次的方式对待这些收集物，几天之后的一个晚上，蛹开始蜕变。

等一切都结束之后，我对这次收集的隧蜂进行统计，发现共有隧蜂150只。在第二次挖掘收集到的这些隧蜂中，有唯一的一只雄蜂的蛹。但是它非常瘦小、虚弱，还没有完成蜕变，就不幸死掉了。所以，这只雄蜂实际上是可以忽略不计的。

通过两次挖掘和观察，我可以得出结论，除掉那只没有蜕变就死去的雄蜂，整个七月，隧蜂所繁衍的这一代隧蜂全是雌性的。

在没有被挖掘的蜂巢内，从七月的第二个星期开始，隧蜂们开始为住房问题而忙碌了。它们修缮了旧巢，旧巢不够住时，它们就果断修建了新巢。房屋增加了，原来的地道长度不够用了，它们就挖掘地道，把地道延长。

房屋的问题解决以后，隧蜂们就忙着采集食物、存储食物；再接着是产卵，关闭蜂房。整个过程中，我们无法发现一只雄蜂的身影，所以是雌蜂单独完成了这些劳动，并开始了单独繁殖下一代的工作。

七月和八月，田野里不仅气温很高，而且食物充足，各种形态的隧蜂发育都很快。从八月下旬开始，下一代的隧蜂已经变成成虫，它们飞出蜂巢，洞穴的上空再一次热闹了起来。和之前的热闹不同，这一次隧蜂群体中不再全部都是雌蜂，而是有了异性——雄蜂的身影。不仅如此，这一次雄蜂的数量还特别多，它们在田野里飞得非常欢快。反观雌蜂，这次它们的数量特别少，而且还显得兴致不高，出来飞了一会，就又回到了蜂巢里。

九月是隧蜂交配的季节，它们会在晴朗
的日子爬出洞穴活动。

为了观察一下到底发生了什么，我再次用铲子挖开了蜂巢。在泥土的蜂巢里，我发现了大量的蜂蛹，但幼虫的数量却不是很多。挖掘结束之后，我进行了统计，一共挖出了 80 只雄蜂，58 只雌蜂。

雄蜂出现了，我特别希望看到隧蜂繁殖的第三代隧蜂。第三代隧蜂是比较艰苦的，因为它们需要经过秋天，熬过寒冬，一直坚持到第二年的五月。到了那个时候，隧蜂新的生命循环才重新开启。

九月，金色的阳光照进了隧蜂的洞穴，我可以清楚地看到一大批隧蜂在洞穴门口进进出出。如果人们认为雄性圆柱隧蜂之间会经常发生争斗，那就错了。雄蜂也是谦逊而礼让的，而且礼让的程度让人吃惊。有一次我看到两只雄蜂在洞口相遇，一只想进去，一只打算出来，它们迎面发生了碰撞，却没有引发进一步的争斗。

对于膜翅目昆虫来说，几乎所有的雄性昆虫都比雌性昆虫要懒惰很多，但圆柱隧蜂却有些例外。天气逐渐变凉了，雄性昆虫开始施工了，它们成为了挖土方的工人，频繁进出于洞穴门口，勤劳程度似乎并不亚于雌性隧蜂。

雄性隧蜂为何突然变得勤劳了呢？答案自然是为了吸引异性。秋末的时节里，只有小部分雌性隧蜂飞出家门，而大部分隧蜂都留在家里，因为这个季节里外面很难找到食物，所以它们不愿做徒劳的飞行。

虽然是为了吸引异性，但当雌性隧蜂飞出来时，雄性隧蜂并没有非常热心地上前去向雌性隧蜂示爱，这多少会令人感到有点奇怪。其实这很好理解，因为隧蜂的交尾行为是秘密进行的。为了验证这一观点，我挖开一些隧蜂的洞穴，可以轻而易举地找到很多隧蜂。这就表示，隧蜂的交配行为是在地下秘密完成的。

凉爽的九月是隧蜂最好的交配时节，秋高气爽的日子里，我们可以看到很多雄性隧蜂在洞穴门口飞进飞出，它们在寻找交配的对象。

九月很快过去了，十月带着凉风降临了，气温的降低让隧蜂的交配变得越来越少。到了十一月，洞穴门口终于安静了下来，那些向雌性隧蜂示爱的雄性隧蜂已经不见了踪影。我再次挖开蜂巢，在这里发现了很多雌性隧蜂，却没有看到一只雄性隧蜂。于是，我得出结论，那些雄性隧蜂完成了传种接代的任务，当凛冽的寒风吹来时，它们抵抗不了严寒，就无奈地死去了。

漫长的寒冬终于要过去了，却又下了一场大雪，白皑皑的积雪在这片土地上保留了半个多月。二月来了，冰雪开始融化，我非常希望能够再次观察隧蜂，但不幸的是我病倒了，而且已经严重到卧床不起的程度。作为一名观察者，卧床不起不能自由行动，是我最难以接受的。

我感觉自己活下去是非常困难的，生命将逝，我希望能够和隧蜂们告个别。为此，我就让自己的小儿子用铲子挖开隧蜂的巢穴。我没有发现一只雄性的隧蜂，雌性隧蜂倒是发现了很多，只是它们现在还处在冻僵的状态之中。

天气逐渐转暖，隧蜂走出了洞穴，开始筑巢、繁殖。因为去年秋天的时候，这些隧蜂曾经交尾并怀孕，所以隧蜂在五月的第一代繁殖没有什么疑问。五月诞生的这一代隧蜂全部是雌蜂，它们没有机会和雄蜂交配，

到了春天，在前一年完成了交配的雌蜂，走出洞穴离开了蜂巢。

60多天后到了七月，它们又产下了第二代隧蜂。这一次繁殖，它们是没有发生交配的。

概括来说，我所研究的斑纹、圆柱等隧蜂，每年都会繁殖两代。第一代出生于春季，但受孕却发生在上一年的秋天，是雄蜂和雌蜂交配后的产物。第二代出生于炎热的夏季，这一代没有经过雌雄交配，只是凭借雌雄隧蜂身体中的潜在母性，完成了此次繁殖。更为有趣的是，经过雌雄交配的第一代次繁殖，只生出了雌性隧蜂；第二代的单性繁殖，却出生了雌雄两种隧蜂。

为什么春季的一代需要交配，而夏季的那一代繁殖就不需要交配了呢？那个身体并不强壮、寿命很短的雄蜂，来到这个世界上的作用是什么？对于这些问题，我不能给出确定的解释。如果要想搞明白两性繁殖的问题，我们还是去关注一下精通于此的蚜虫吧！

第六章

# 庄稼最大的威胁者

——蚜虫

## 昆虫档案

**昆虫名**：蚜虫

**绰　号**：蜜虫、腻虫

**身世背景**：蚜虫是一类植食性昆虫，主要分布在北半球温带和亚热带地区，热带较少；全世界大约有4700多种蚜虫

**特征喜好**：蚜虫的身体大小不一，身长从一到十毫米不等，喜欢吸取植物的汁液

**敌　人**：瓢虫、食蚜蝇、寄生蜂、蟹蛛、草蛉及昆虫病原真菌

**武　器**：喙

## 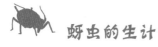 蚜虫的生计

在大自然中，动物们的生殖活动真可谓是千奇百怪，但要数其中最为奇特的，那可能就应该算是蚜虫了吧。

蚜虫外貌并不太惹人注意，它的腹部呈圆形，看起来和虱子有点像；蚜虫的行动也没有什么值得一提的，它几乎足不出户，偶尔活动一下手脚，已经算是难得的运动了，所以我们不要期望它能够做出什么惊人之举来。

然而，通过实验，我们能够从这种相貌和行动都极为普通的昆虫身上，总结出一条主宰生命遗传的重要规律来。

在我的周围生活有一只笃耨香树蚜虫，因为便于观察，所以它也就成了我观察研究的对象。这种蚜虫特别喜欢笃耨香树，这是一种矮小灌木。笃耨香树开的花非常普通，花落之后会结出许多串小浆果。

在素多姆近郊一带生长着一些笃耨香树，有些朝圣的香客声称可以在笃耨香树上采摘到一些看起来很漂亮的"苹果"。然而，这些香客却不知道，这些所谓的"苹果"是有生命的，因为里面所住的是蚜虫的后代，它们在这个"苹果"里，过着不与外界来往的生活。

我需要一棵笃耨香树，以便能够观察到蚜虫的生活习性。在我给自己的荒石园补种植物的时候，我想到了这个问题，并种上了一棵笃耨香树。笃耨香树所生的蚜虫很像虱子，所以人们又称笃耨香树为"虱子树"。

出于多年养成的习惯，我几乎每天都去荒石园一趟。园子中的虱子树非常神秘，这让我对它格外关注。夏季即将结束的时候，这棵树上出现了无数个蚜虫的小屋，与之相伴随的碧绿的树叶已经不见了踪影。

寒冬降临的时候，笃耨香树光秃秃的。这不禁让我感到好奇，夏季时树木上的那些蚜虫群此刻去哪里了呢？现在笃耨香树光秃秃的，那么蚜

不计其数的蚜虫使得小灌木的
树叶负担累累，这些小昆虫是
在寻找自己的食物。

虫又是如何重新占有笃耨香树的呢？为此，我认真查看了树皮、树枝和树干，结果既没有发现春天有待孵化的卵，也没有发现处于冻僵状态的蚜虫，这里找不到一点蚜虫即将入侵的痕迹。我继续寻找，连树下的那堆枯叶也没有放过，依然没有发现一点痕迹。

但不管怎样，我可以非常肯定地说，蚜虫不会距离这里太远。这是因为就如同我们所见的那样，蚜虫太小了，小到它不可能穿越田野到其他地方去游荡，所以它此刻应该还在为它提供了美食的笃耨香树上。

一月的某一天，我用放大镜继续观察，在一片指甲大的地衣里，我惊奇地发现了一些活着的生物。在地衣表层的那些鳞片中，有很多褐色小颗粒。这些小颗粒虽然长度还不到 1 毫米，却被分成了几节。有些颗粒明显是被截断了一部分；有些是完整的，形状有点像卵。

这些是蚜虫的虫卵吗？这一观点很快被推翻了，因为虫卵没有像昆虫腹部的那种分节。更为重要的是，这些小颗粒的前面露出了一个脑袋和一些触角，下面可以看到足。此时，这些小颗粒的身体干燥而又脆弱，但

这并不表示它们已经死了，如果用针尖去戳一下它的身体，会有少量的液体从这干燥而又渺小的身体中流出来。对于这种形态，我们可以说尽管它们的外表已经死了，但它们的内部却依然活着。

通过长时间仔细的观察，我得出了这些颗粒的演变过程。起初这些微小的颗粒是可以活动的，在地衣下面，它们悄悄移动，最后终于选定了一个地方安定下来。过了一段时间，这些小颗粒的皮变得僵化，小颗粒的颜色也逐渐变成了金黄色。也就是在这个时候，我惊奇地发现，这些小颗粒里面正在孕育着新的生命，所以这些小颗粒可以被称为是生产新生命的工厂。

其实，不仅在地衣表层能够发现这些小颗粒，在其他地方也能找到这些小颗粒。例如，我就曾经在树木的裂缝或者破树皮处，找到了这些令我好奇的小颗粒。根据颜色的不同，我把这些小颗粒分为黑色小颗粒和褐色小颗粒。我把这两类小颗粒都收集了起来，放到试管里培养，接下来会发生什么，让我们拭目以待吧！

到了四月，试管里的小颗粒开始孵化，黑色的在先，半个月后是褐色的。孵化的过程很简单，小颗粒的其他部位没有发生什么变化，只是前

蚜虫的卵没有像昆虫腹节那样的分节，卵的前面显露出脑袋和触角。

部突然张开了，一只昆虫从里面出来了。借助放大镜，我们可以看到这只昆虫的腹管和它的胸部紧紧地贴在一起，可以说，这已经是一只完整的蚜虫了。

由此可以得出一个结论，我在地衣和树木缝隙等处得到的那些黑色或者褐色的神奇小颗粒，实际上就是蚜虫的"幼仔"。

现在就去探究这些奇特昆虫的起源问题，显然还不是时候。按照时间发展的顺序，我们还是先来看看这些刚刚由"幼仔"而变的虫子吧。黑色的蚜虫，形状仍然是颗粒状，体节非常清晰，皮肤粗糙，腹部下凹。借助放大镜，我们还可以看到小蚜虫的身上有很多灰尘，有点像李子上的青霜。

在试管里，它们有些惊慌地快速地移动着，显然它们希望能够找到一棵可以供它们居住的树木。这个问题很容易解决，我找来了一根笃耨香树枝，把它插进了试管里。很快，小蚜虫们就全部爬上了树枝，在上面定居了下来。

"种子"变成蚜虫的速度很快，起初还只有几只蚜虫，但10天之后，蚜虫的数量已经多到数不过来了，在一个普通的芽尖上，我竟然发现了20多只蚜虫。

随着气温进一步升高，树叶长了出来，蚜虫们可以为自己建造房屋了。蚜虫用喙把树叶尖变成了紫色，接着树叶开始膨胀，树叶的边缘部分开始逐渐合拢，一个像帐篷一样的小袋子就这样形成了。小袋子并不大，和一粒大麻籽差不多。蚜虫喜欢独居，每个小袋子里只会有一只蚜虫居住。

蚜虫独居在小袋子里，几乎不与外交交流，它们在干些什么呢？答案是一边进食，一边繁殖。蚜虫的繁殖可以用疯狂来形容，因为只要短短几个月的时间，它们就可以繁殖出成千上万只。

蚜虫是如何实现这一快速繁殖的呢？原来，蚜虫繁殖不需要雄性蚜虫，也不要产卵，省略了这两个环节之后，它们选择直接胎生。新出生的蚜虫虽然体型比较小，却充满活力，一出生的幼虫就会进食，其方法是把

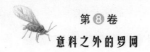

喙插入树叶内吸允树叶的叶汁。就是靠进食这点树叶的汁液，仅仅几天的时间，幼虫就可以快速地发育成虫。而且，它们不用区分雌雄，不用交配，就可以继续进行种族的繁衍。

五月的一天，我打开了树叶上的一个小袋子，在里面发现了蚜虫，它已经完成了蜕皮，并繁殖了后代，身体是绿色的，有些胖乎乎的。蚜虫的孩子并不多，只有两个，身材细长，颜色呈褐色。蚜虫一出生就要离开它的摇篮——紫色小袋子，因为小袋子已经干枯了，小蚜虫需要到新鲜的嫩叶上寻找自己的食物。

蚜虫的繁殖速度十分惊人，一天的时间内，它们就可以繁殖三次。幸好蚜虫的繁殖期并不长，只能持续半个月左右，但如此短的时间，就足以让一只蚜虫妈妈儿孙满堂。这些蚜虫诞生以后，又会分散到笃耨香树上，继续进行疯狂的繁殖扩张。很快，树上就全是蚜虫了。

虽然从外观上来看，不同种族的蚜虫都很类似，但从其建筑物上，还是能够区分出彼此的不同。经过仔细观察，我发现了 5 种蚜虫。这些不同的物种有一个共同的学术名字——瘿绵蚜。瘿，指的是机体由于受到刺

经历过蜕皮期的蚜虫，蜕掉了黑色的外壳，身体呈绿色，看上去胖乎乎的。

激而形成的囊肿状物，之所以把笃耨香树蚜虫称为瘿绵蚜，是因为这种蚜虫会通过吸食树叶，把树叶变成瘿瘤。这种瘿瘤实际上也就是它们的房屋。

笃耨香树的瘿是由蚜虫的喙加工出来的。通常，在喙的加工下，树叶的一边边缘会向内弯曲，逐渐形成一个滚条。待一边加工好之后，蚜虫再用喙去加工另一个部位。只要蚜虫的喙还可以工作，卷起的树叶就不会动。

现在有一个问题是，蚜虫的喙是如何把本来平整的树叶卷起来的呢？实际上，它并没有做什么，只是把喙插入树叶，就造成了这种结果。由此我们也就可以得出一个结论，蚜虫把喙插入树叶的同时，也向树叶里注入了一种毒素。这种毒素破坏了树叶的正常生长，让树叶汁液过度向一个部位汇集，最后导致某些部位突然膨胀起来。

聪明的蚜虫通过不断注入毒素，就可以引导树叶汁液流动，最后终于形成了膨胀的瘿。我们不得不承认，蚜虫的喙是一件无比奇妙的工具，它以自己的方式，让自己成为一名了不起的工程师。

瘿修建成功以后，蚜虫就躲在里面，专心繁殖下一代。随着时间的推移，瘿附近的树叶颜色依然一片碧绿，但被做成瘿的树叶颜色却发生了很大的变化，它们由碧绿变成了淡黄色。此外，因为幼小的蚜虫会不断地用喙去戳瘿，所以瘿在不断变大。到了夏季将要来临的时候，瘿竟然变到有李子那么大了。

蚜虫用喙建瘿，然后在瘿内繁殖后代，所以成年蚜虫既非下一代蚜虫的爸爸，也非蚜虫的妈妈，因为繁殖后代的一切，都是它自己单独完成的。要想解释蚜虫的这种奇怪的生殖行为可不是一件容易的事，为此，我决定借助与植物的类比来进行解释。

蚜虫的繁殖和大蒜非常类似。人类的种植让大蒜失去了性的二重性，大蒜的花朵里没有所谓的雄蕊和雌蕊，所以不管在哪里种植，人们也休想得到具有繁殖能力的大蒜种子。既然不能依靠种子繁殖，大蒜自有自己的

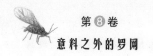

角瘿绵蚜在繁衍兴盛的时期，在笃耨香
树上建造了很多角状的瘿。

繁殖方法，那就是在地下的根茎——蒜头上长出的肉芽。这些肉芽无疑就
是具有生殖能力的胚芽，在合适的气温下，把具有肉芽的蒜头埋在土里，
不久就会长出大蒜。

　　大蒜由地下的茎长出肉芽，蚜虫则是在腹部长出了肉株芽。也就是说，
经过了漫长时期的演化，蚜虫摆脱了卵的演化过程，摆脱了两性的约束，
开始独自进行后代的繁衍。

 ## 蚜虫的生命过程

　　到了九月末的时候，树叶开始逐渐丧失汁液，但蚜虫的数量反而增
多了。在一个饱满的角瘿里，蚜虫的数量如同一小桶鳀鱼的数量。如此众
多的蚜虫，如果它们一起从瘿内把喙插向树叶，空间是不够用的。

为了解决这个问题，蚜虫们采用了分层排列的方式，即上层是粗大一些的蚜虫，中层是中等的蚜虫，在中层蚜虫的脚之间，是较小的蚜虫。通过这种排列，空间问题得到了一定程度的解决，它们勉强可以把喙伸出去，吸吮树叶里的汁液。

然而，不管怎么排列，瘿内依然是拥挤的。在一片混杂之中，蚜虫身上的蜡质饰物变成了粉末状，塞满了这个瘿。蚜虫们就在这拥挤的、嘈杂的、布满粉状物的瘿内生活，幼虫们又不肯安静下来，它们到处乱窜，身体也经常被擦伤，连足都被挤得扭曲变形了。但令人惊奇的是，没有一个蚜虫的翅膀发生褶皱。

对于蚜虫来说，瘿就如同一个牢笼，现在打破牢笼，去天空中自由自在地飞翔的时候到了，但一个很重要的问题是，该如何从瘿中逃出去呢？实际上，蚜虫们不必为这个问题而担心，因为瘿的存在时间和蚜虫的成熟时间是一样的。当蚜虫成熟以后，无论是球瘿、角瘿，或者其他种类的瘿，它们都会出现裂口，让蚜虫飞出去。

毫无疑问，当无数的蚜虫从瘿中飞出来时，一定会具有非常大的观赏价值。于是，当蚜虫快要成熟时，我把即将裂开的瘿放在我实验室的窗子旁边。距离窗前几米远处就有灿烂的阳光；我又在瘿的旁边放了一株笃耨香树的树枝，目的是为了吸引蚜虫来到树枝下乘凉。

第二天，一个瘿角稍微打开了一点，这预示着瘿很快就要整体断裂了。我耐心地等待着，快到中午时，阳光变得格外强烈，瘿终于断裂了，蚜虫挥舞着稚嫩的翅膀飞了出来。

蚜虫的数量惊人，所以当它们一起飞出来时，真有一种涓涓如流水般的感觉。我们知道瘿内是布满了粉状物的，所以蚜虫飞出来时，自然也是满身灰尘。当它们一旦飞出瘿的断裂口，就会立即向透着阳光的窗口飞去。然而，窗户上的玻璃阻挡了它们前进的道路，它们无奈地在窗棂上来回徘徊。很明显，玻璃透进来的阳光，让它们非常高兴，所以它们全部聚集在这里，迟迟不肯离开。

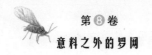

树上的角瘿的顶端开裂，小蚜虫
们结束了与世隔绝的日子，一个
个爬了出来。

很显然，有阳光照耀的白天，实验室的其他地方也是很亮的，但蚜虫们却没有选择其他地方，只选择了窗户前，它们具有明显的趋光性，灿烂的阳光能够给它们带来欢乐的享受。

平日里，蚜虫是喜欢笃耨香树的，所以很多人会认为如果没有窗户玻璃的阻挡，这些蚜虫会飞出窗户，飞到附近的笃耨香树上。实际情况并非如此，因为在实验室里就有一根笃耨香树的树枝，但那些蚜虫并没有去与这根树枝待在一起。

也许有人会以为，还不太成熟的蚜虫没有发现这根树枝，所以还傻乎乎地徘徊在窗户附近。实际上，有些蚜虫偏离了"航线"，不小心撞入这根树枝中，但它们并没有就此停下来安家，而是离开这根树枝，飞行到被阳光照耀的窗户。

为何会出现这种结果呢？可能是因为这时的蚜虫不需要吸食笃耨香树的汁液，它们希望到处溜达溜达，于是，它们也就抛弃了自己最爱吃的美食——笃耨香树。

　　大规模的迁移陆陆续续地持续了两天，等迁移基本结束的时候，我把瘿打开了。我知道当初瘿里住着黑色的有翅蚜虫和红色的无翅蚜虫，在之前的大迁移中，黑色的有翅蚜虫选择了阳光下的流浪，它们飞走了。现在瘿里留下的是红色的无翅蚜虫，从外形上一眼就可以看出，这些红色的蚜虫大都是蚜虫妈妈，因为它们的背部有个褡裢，这是它们的生育口袋。

　　黑色蚜虫飞走了，红色蚜虫留在这里显得有些落寞。但不管怎样，这些蚜虫妈妈还是艰难地开始了它们的种族繁衍工作。不过这个工作进行得非常不顺利，因为此时它们的住所已经破烂得不成样子，肆虐的狂风暴雨，辛辣的阳光，都给它们的繁衍工作带来了巨大的考验。最后的结果是凄惨的，先是幼小的幼虫死去，最后连蚜虫妈妈也没有逃脱厄运。走的走，死的死，转眼之间，曾经热闹非凡的瘿如同废墟一般静静地立在那里，无人问津。

　　还是让我们来认真观察那些选择迁移的蚜虫们吧，这些蚜虫长得非常相似，无论是身材还是体色，抑或外貌，几乎都是一模一样，如同被复制出来的一样。从发育程度上来说，当初的大腹便便，当初的笨拙早已经没有了踪影，此时展现在我们面前的蚜虫，身材苗条，动作敏捷矫健。

　　此外，它们还有彩虹一样美丽的翅膀，这似乎是它们为了吸引异性而提前所做的准备工作。实际上，翅膀的美丽和吸引异性并没有什么关系，因为蚜虫们并没有雌雄之分，它们不需要交配，就可以完成种族的繁衍。

　　为了便于观察，我特意找来了一根麦秸秆，在上面抹上了一些唾液，并用它粘住了一只长着翅膀的蚜虫。接着，我再用一根大头针按压这只蚜虫的腹部，强迫它进行繁殖。这只蚜虫真的分娩了，一下子产下了五六个孩子，它们并列地排成了一串。

　　对于那些没有被强迫分娩的蚜虫来说，它们的分娩是这样的：先把那两个美丽的大翅膀翘起来，接着晃动大翅膀下的那两个小翅膀，然后再把腹部弯曲起来，顶端紧靠着某个支撑物体。就这样，幼虫脑袋朝上地被生在了这个支撑物体上。离开一定的距离之后，蚜虫又产下了第二只幼虫，

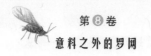

正在生产的蚜虫翘起两个大翅膀，将胎
儿垂直顺利地产在支撑物上。

接着是第三只、第四只……不太长的时间内，蚜虫连续分娩，可以产下 6
只幼虫。

刚刚出生的幼虫直立在支撑物上，外表包裹着一层很薄的膜。大约
过了两分钟左右的时间，那层膜开始裂开，并逐渐褪去，获得解放的幼虫
把足伸出了膜，在外面自由自在地晃动了起来。对于这个时候的幼虫来说，
保持平衡非常重要，因为它们一旦倒下，足是无法进行活动的，它们只好
爬在地上等待残酷命运的降临。

对足进行了充分的活动之后，它们的关节开始变得灵活，力量也得
到增加。于是，幼虫们决定爬下支撑物，开始到这个神秘的世界中去闯荡了。

对于刚刚可以行动的幼虫来说，外面的世界充满了危险。有时候，
成年的蚜虫也会成为它们的杀手。当那些年幼的蚜虫到处横冲直撞时，
已经成年的蚜虫似乎并不懂得爱护幼小，它们把幼虫推倒了，让它们
从涂有树胶的树桩上掉了下去，可怜的幼虫还没有完成蜕皮，就遗憾地
告别了这个世界。

　　但不管怎么说，还是有很多幼虫活了下来。于是，窗户旁边很快热闹了起来，长着翅膀的成年昆虫和行动矫健的幼年昆虫，无比混乱地杂居在一起。但是这种场景并不能持续很久，先是那些幼虫，我一直搞不明白它们喜欢吃什么，所以当相当多的幼虫一个个死去时，我毫无办法。

　　被死神眷顾的并非只有幼虫，那些完成了繁殖使命的成年蚜虫，行动变得缓慢了起来，两三天之后，它们也纷纷死去了。

　　成年的蚜虫死去之后，一些颜色为淡绿色的幼虫接替了它们。这些幼虫行走时会把脚抬得很高，似乎显示了它们旺盛的生命力。然而，过不了多久，它们也开始变得萎靡起来，最后也夭折了。

　　九月中旬到来了，让我们来看一看角瘿的情况。角瘿显然要比球瘿晚一些。瘿打开之后，长着翅膀的黑色蚜虫从瘿里飞了出来。过不了多长时间，这些新一代的蚜虫们就会和成年的蚜虫一样开始繁殖后代，而且一次就可以产出五至六个幼虫。

　　由瘿中产出的蚜虫，外形如虱子一样，身体后部分明显比前部分宽一些，颜色是橄榄绿色。在它的身体下部有一根腹管紧紧地靠着身体，格

从瘿产出的蚜虫，像虱子一般，身材短粗，体色呈深暗橄榄绿色。

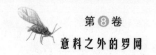

外显眼。通常腹管差不多是立在蚜虫的脚上的，这样做的目的是为更为方便地把它插入被吸食的植物里。当然，即便腹管是竖立起来的，我们也不用担心它会影响蚜虫的行走，因为腹管与腹管的长度彼此很协调。

观察蚜虫腹管的工作一定是一件有趣的事情，但被我选来成为观察对象的蚜虫，都静静地龟缩在试管里，对于外界发生一切事情都漠不关心，这让我很难观察到蚜虫的腹管是如何工作的。

十月来临了，角瘿和球瘿已经很干燥了，但还没有达到破裂的程度。我打开了这些瘿，在里面看到了很多死去的黑色蚜虫，它们是在产后不久死去的。但在这些黑色蚜虫的尸体下面，我竟然发现了几千条幼虫，这真是令我感到万分震惊。

此外，在这些充满活力的幼虫之间，我还看到了一些朱红色的小虫，不要小看这些不起眼的像小红点一样的虫子，实际上它们的辈分很高，是那些幼虫的祖母。这些祖母们动作是有些呆滞缓慢，但看起来似乎具有旺盛的活力，甚至能够熬过接下来的寒冬。

此时的瘿已经不适合继续居住了，否则这些幼虫和它们的祖母们都将难逃厄运，为此，我把它们全部转移到玻璃罩子里。

开始的那段时间里，一切都没有什么问题。有一天寒潮突然降临，气温骤降，那些朱红色的祖母们静静地卧在那里，一动不动。不过令我感到欣慰的是，它们的颜色依然很鲜艳，依然充满生命的迹象，所以我坚信这些祖母们打算在沉睡中熬过寒冬，等待明年明媚春天的到来。

然而，事实却令我有些悲伤，因为实际上早在四个多月以前，它们就已经悄然死去。只是它们那鲜艳的外表，令我对它们产生了美好的幻想。虽然如此，这些祖母们实际上也享有了半年左右的寿命，和它们的那些只有几天寿命的儿女相比，它们已经足以令我感到敬佩了。

实验室里的蚜虫如此，在田野里生长的蚜虫也差不多。瘿被打开之后，黑色的蚜虫就将从瘿中飞出来。这时它们的身上都会布满蜡质的灰尘，它们抖落掉这些灰尘，就可以在阳光下自由自在地飞行了。

长翅膀的蚜虫们互相拥挤着，挥舞着翅膀，很多幼虫遭到了践踏。

当然，虽然阳光下的飞行是如此令它们感到惬意，但总有一个时候，它们会感到疲劳，并停下来歇脚。就如同实验室里的那些蚜虫在窗户前徘徊了很久，最终停在窗户前繁殖一样，那些在田野里飞累了停下来歇脚的蚜虫们，也选择了在歇脚处繁衍后代。

这个过程短暂而又悲壮，它们充分享受了飞行的乐趣之后，在这里歇脚，在这里繁殖，最后在这里死去。也许会有人认为，离开瘿之后，蚜虫的那段自由自在的飞翔，是为了找一个适合繁殖后代的地方。

实际情况并非如此。因为蚜虫最后选择歇脚和繁殖后代的地方很多，有些是石头，有些是干燥的树皮，有些是光秃秃的地。可以想象，那些被生殖在了石头、土地上的幼虫，出生之后大多数都会因为没有食物而夭折。

黑色的蚜虫在繁殖了下一代之后不久就死了，朱红色的祖母们也在寒潮降临时悄然离世，第三代的幼虫自然也就成为了延续蚜虫这个种族的唯一希望。它们将走过深秋，熬过寒冬，迎来次年春天明媚的阳光。

毫无疑问,在这个漫长的时光里,最难熬的还是寒冬。寒冬里,恶劣的气候和食物的短缺是最致命的,幼虫们是如何克服这些困难的呢?人们推测,它们找到了能够帮助它们熬过寒冬的庇护所,即冬天里依然有绿叶的那些植物。

寒冬时节,蚜虫们躲进这些植物茂盛的叶丛里,一方面这些叶丛可以为蚜虫们提供丰富的汁液作为食物;另一方面,寒冬季节的风霜雨雪也不太容易侵入叶丛,从而为蚜虫提供了一个温暖干燥的住所。当然,关于这个避难所的观点,只是一个假设,而且我也只能假设这么多了。

##  循环与提炼——食蚜者

在自然界中,食物的化学成分进入体内,经过简单加工,即可变成营养物质。毫无疑问,这项活动的源头是植物。植物的能量由一个个细胞构成,而细胞的能量则来自太阳能,具体来说就是在光合作用下,土地中的矿物成分和空气结合形成能量,储存在了植物的细胞之中。

这些具有能量的植物细胞,有一部分变成了昆虫或者鸟类的食物,然后它们的能量也就变成了昆虫和鸟类的能量。接着,这些昆虫或者鸟类再被更高一级的动物甚至人类食用,能量跟着进入这些高级动物或者人类身上。

在这个食物链中,蚜虫也是其中的一个重要环节。尽管它们的体积很小,但它们的肉鲜嫩而又丰满,数量巨大,所以蚜虫的繁殖过程实际上也是在为另外一批高级动物制造食物的过程。

蚜虫生活在笃耨香树上,这是一种生长在岩石缝隙中的灌木,它的营养有限,水分也不充足,仅仅依靠偶尔的雨水和岩石中的矿物盐才生存了下来。很多昆虫是不太喜欢笃耨香树的,这也给蚜虫的繁殖创造了良好的条件。

蚜虫能将喙插入禾木科植物的根状
茎里，以获取食物。

平日里，蚜虫一边吸食树叶汁，一边用喙在树叶上做出一个瘿，并在瘿里安家和繁衍后代。在这个过程中，蚜虫把生长在岩石缝中的这种不太招其他昆虫喜欢的笃耨香树树叶等物质，通过吸收转化，变成了非常高级的产品。

对于一些更高级的动物来说，笃耨香树的树叶并不好吃，但依附在这些树叶上的白嫩的蚜虫是好吃的。怎么才能吃到这些蚜虫呢？当蚜虫在自己制造的瘿里定居时，它们是安全的，因为瘿是完整的，其他动物无机可乘。

不幸的是，随着时间的推移，构成瘿的树叶会变干燥，进而会破裂，此外，蚜虫要从瘿中飞出去，客观上也要求瘿必须破裂。终于，瘿破裂了，蚜虫飞出去的机会来了，而那些捕食蚜虫的动物大吃一顿的机会也来了。

时间发生在八月末，美丽而又早熟的球瘿最早开始破裂，在强烈的阳光照射下，我们可以看到完整的瘿出现了3个口子，并有像眼泪一样的液体从裂开的口子里溢出来。瘿里面的那些已经长出翅膀的蚜虫，悠闲地来到裂口附近，随时等待着飞出像牢狱一样的瘿。

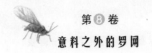

就在这时，8只黑色短柄泥蜂发现了这个裂缝，并轻而易举地从瘿里各自捕捉了一只蚜虫。它们并没有立即吃掉蚜虫，而是把它们送回自己的蜂巢里，然后尽快返回来，继续自己的捕捉工作……捕捉就这样重复地进行着，显然这些蜂们打算在这些蚜虫飞离瘿之前，捕捉到尽可能多的蚜虫作为食物。

因为经常捕杀蚜虫，所以对于瘿的开裂时间，黑色短柄泥蜂是非常清楚的。所以，瘿开裂的时节，大批的黑色短柄泥蜂都会聚集过来。这是一场残酷的捕杀，直到一个瘿内的蚜虫被彻底捕杀干净，黑色短柄泥蜂才会离开，把目光转向另外一只即将开裂的瘿。

黑色短柄泥蜂的捕杀是残酷的，却不是最可怕的，因为每次它们捕捉到一只蚜虫后都会暂时离开，蚜虫们是有翅膀的，所以它们完全可以利用这个短暂的时机赶紧出逃。

但是如果它们遇到的敌人是蛾的幼虫，那么它们的命运将会更加悲惨，因为它们几乎没有一只能够幸运地逃脱。通常，蛾找到瘿之后，会在瘿壁上咬出一个洞。在咬洞之前，它还会忍受住树的酸涩，啃咬树木，把碎屑堆积在洞口。

蛾在瘿壁上挖的洞并不大，但可以通过这个洞进入瘿内。进入瘿之后，蛾并没有立即进行屠杀，而是编织出一个大网眼丝帘，混合着之前在洞口堆积的木屑流出的树脂，做成一个异常坚固的盖子。蛾用这个盖子堵住洞口，从此就可以安心地享用瘿内的那些蚜虫了。

在享用这些蚜虫的同时，蛾还不忘做一些其他的工作。例如，当它毫不客气地榨干了很多只蚜虫的汁液之后，就会把这些蚜虫的尸体粘制成为一个毡子。蛾用这条毡子，把依然还活着的蚜虫分隔开来，这样蛾就可以无忧无虑地尽情享受这些蚜虫了。

蛾的进食是没有节制的，是挥霍无度的，这样导致的一个结果就是整个瘿内的蚜虫全部被吃，无一幸免。

虽然吃掉了整个瘿的蚜虫，但体积硕大的蛾的幼虫可能依然还没有

## 庄稼最大的威胁者——蚜虫

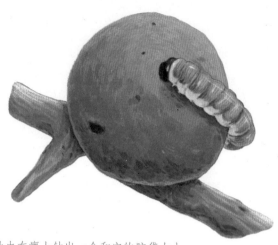

蛾的幼虫在瘿上钻出一个和它的脑袋大小
差不多的圆洞，进到里面吸食蚜虫。

长大，接下来该怎么办？那简直是轻车熟路了，它们继续挖开另一个瘿，于是屠杀的悲剧又会在另一个瘿内上演。

蛾的幼虫还可以用发霉变质的蚜虫做成一顶帐篷，在帐篷中间用白色的丝做成一件暖和的衣服，最后，这些蛾的幼虫蜕化成为蛾。

对于蛾的幼虫来说，从瘿中进入或者出去都是一件很容易的事情。然而，完成蜕变之后，蛾要想从瘿中出去却变得异常困难起来。这一方面是因为蚜虫遭到屠杀之后，不再向瘿排放毒液，所以瘿不再膨胀，也不会自动打开；另一方面，完成蜕变之后，蛾的身体变得异常柔软。

要解决这个问题，最好的办法自然是未雨绸缪。所以，在还没有蜕变之前，幼虫们就要打开被盖子封住的洞口。有的时候洞口的树枝过于坚固，幼虫们就会重新在其他地方开辟出一个洞口。等逃出的洞口解决以后，幼虫们才开始钻进被子里，等待身体的蜕变。

正是一年中最热的七月里，完成蜕变的蛾准备离开瘿了。这时蛾的翅膀还没有张开，而之前挖的洞口也足够宽敞，所以它们轻而易举地就通过洞口离开了蚜虫的瘿。

蛾的幼虫凭借会在瘿上打洞的技巧，吃到了味道鲜美的蚜虫，但还

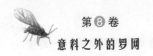
有一些不会打洞的昆虫，依然能够吃到蚜虫。只是这些昆虫选择的瘿不同于普通的瘿，而是一种用复叶合拢形成的瘿。

通常利用复叶合拢形成的瘿，不仅外表颜色丰富，色泽光鲜，而且合拢处缝隙很小，一般昆虫很难发现。当然，很多事情都有例外，一种属于食蚜科的小苍蝇就能准确地找到合拢处，并在合拢处排下一粒自己的虫卵。

起初，瘿的合拢处也是封闭的，所以小苍蝇的幼虫并没有什么机会。但随着蚜虫的不断长大和瘿的不断膨胀，合拢处终于不再那么严密了，在合拢处等待已久的小苍蝇幼虫抓住时机，在合拢处的裂缝刚刚产生时，就迅速地钻了进去。

很快，合拢处的缝隙又封闭了，但一切已经晚了。进入瘿内的幼虫对蚜虫进行了屠杀，等到瘿内的蚜虫被吃光的时候，幼虫也已经长大，并逐渐变成了一只小苍蝇。这个时候，瘿也干燥开裂，小苍蝇就可以离开这里了。

实际上，有蚜虫居住的一棵小灌木，已经可以构成一个生态圈。在这里既有生产者，也有消费者；在这里它们生产加工着能量，也在分解着能量。这其中所有的环节都在运行，所有的生产、分解方式也都在一起发挥作用。

为了观察这个简单生态系统中的加工工厂，我选择了一株大的金雀花。初夏时节，金雀花的树枝分散开来。如果天气略有些凉意，就很容易在金雀花上发现黑色蚜虫。这些蚜虫腹部的尽头有两个空心触角，里面装有糖浆，这是蚂蚁非常喜爱的一种食物。

蚂蚁怎么获得这些糖浆呢？通常它们会用挠痒的方式刺激蚜虫，蚜虫禁不住刺激就会挤出一些糖浆，于是蚂蚁就毫不客气地把这些糖浆喝掉，而且是蚜虫排出多少，它们就喝掉多少。

尽管蚂蚁数量众多，情绪很高，但数量更为庞大的蚜虫依然让蚂蚁们应付不过来。太多的蚜虫要排泄糖浆，又没有足够的蚂蚁来食用，那么

蚂蚁会用挠痒的方式来刺激蚜虫排出甜液，然后它们再将其喝掉。

这些蚜虫就把这些糖浆排泄在了树枝、树叶等很多地方。于是，蚜虫依附的树木枝叶上就会出现一层糖浆。受到甜味的吸引，大量的蚂蚁纷纷赶来了。此外，泥蜂、胡蜂、瓢虫等昆虫也会来到这里，分享这美味的甜品。

由此可以看出，在这个简单的生态系统中，一方面，蚜虫为众多的昆虫提供了夏日的甜品；另一方面，蚜虫又为一些昆虫提供肉食，因为有的昆虫是以蚜虫为食的。

平日里金雀花的树枝上会密密麻麻地爬满黑色蚜虫，这些蚜虫就像李子的果实一样紧紧地挨在一起。这些蚜虫密集的程度令人吃惊，它们不仅布满了整个树枝的表面，甚至还叠加成了两层，幼小稚嫩的蚜虫在里面，身躯肥大的成年蚜虫在外面。

蚜虫的密集分布为食蚜的昆虫提供了便利，身上夹杂着红白黑三种颜色的蠕虫，闻到蚜虫的气味爬了过来，蚜虫的厄运也就此降临。蠕虫是贪婪的，它像水蛭一样爬到蚜虫层的外面，用身体的尾部支撑身体，再把头部竖立起来，猛然插进蚜虫层中。

屠杀一般是一个接一个地进行的，蠕虫用自己的大颚控制住一只蚜

虫，然后用嘴去吸食蚜虫，随着喉咙的一伸一缩，一只蚜虫就被吸干了。接着，蠕虫再把大颚转向另外一只蚜虫，直到吃饱为止。

享用了一顿美餐之后，蠕虫心满意足地蜷缩起身体，它要开始睡觉了。即使在睡觉的时候，蠕虫的食物消化也不会停止。过不了多久，它肚子里的食物基本消化完了，新一轮的屠杀又将上演。

蠕虫的捕杀不仅局限于像水蛭那样趴在蚜虫堆上吸食，当它行走的时候，也会粘住一些蚜虫。当然蚜虫并不愿意这样被随意带走，它们会拼命挣扎，有些幸运的蚜虫真的从蠕虫身上挣脱下来，然后快速地逃走。

有时候，蠕虫会用自己的大颚咬破蚜虫的肚子，这时蚜虫会流出一些具有黏性的液体。这些液体帮了蠕虫大忙，凭借此液体，蠕虫可以在嘴边粘住很多蚜虫，以便随时食用。

蠕虫是蚜虫的克星，它们不仅屠杀速度惊人，而且是一种滥杀，是一种没有节制的屠杀。可以想象，蠕虫捕杀蠕虫的数量是惊人的，为了搞清楚它们捕杀的数量，我把一根带有蠕虫和蚜虫的金雀花树枝，放进了我的一个用于研究的玻璃瓶内。

过了一夜之后，我再次来观察这个瓶子。在那段 16 厘米的树枝上，大约生活着 300 多只蚜虫，一夜之间这些蚜虫全部死亡。这个数字是惊人的，按照这个速度计算，在一只蠕虫的生长期（两到三周）内，会有几千只蚜虫被其捕杀。

这种蠕虫捕杀蚜虫的速度如此惊人，而且捕杀时还喜欢对蚜虫进行开膛剖腹，所以一些昆虫学家把它们称为是食蚜蝇。而昆虫学家雷沃米尔干脆直接称呼这种蠕虫为捕杀蚜虫的狮子。

食用蚜虫的昆虫有多种。在黑蚜虫不远的地方可以看到一些绿色的小球，这并不是什么植物，而是一种食用蚜虫的草蛉的卵。草蛉的身材并不高大，但对于蚜虫来说，草蛉却是异常可怕的。草蛉的大颚不仅顶端弯曲锋利如同钳子，而且中间似乎是空心的，它们捕杀蚜虫时，不需要太多的动作，一下子就能把蚜虫吸干。

第一代草蛉是恐怖的，令很多蚜虫都遭了殃。没有想到第二代草岭更是恐怖，更加冷酷，它们不仅要吸干蚜虫，还会像征服者一样，把被吸干的蚜虫披在身上，在蚜虫密集的地方继续寻觅，继续捕杀。

提到食用蚜虫的昆虫，就不得不提到瓢虫家族的一个普通成员七星瓢虫。无疑这个名字是非常好听的，单从这个名字来判断，七星瓢虫应该是高雅的。然而，七星瓢虫的习性却与它的名字相差太远，因为生活中的七星瓢虫不仅不高雅，而且还是一个杀手，一个毫不留情赶尽杀绝的屠夫。在对蚜虫进行捕杀的时候，它不会放过一只蚜虫，也不会放过一根树枝，所以七星瓢虫屠杀之后，会留下一片白茫茫的没有蚜虫的世界。

在捕杀蚜虫的昆虫中，还有一种被称为长鬃毛猎犬的虫子。这种虫子的幼虫平衡能力不太好，所以它们通常并不自己动手去捕杀蚜虫，而是喜欢静静在地上等着。当瓢虫在上面捕杀蚜虫的时候，不小心会掉下一些蚜虫，长鬃毛猎犬就会把这些掉下来的蚜虫吃掉。长鬃毛猎犬对瓢虫为自己送来美食的行为，似乎并没有心存感激，当瓢虫自己不小心掉下来时，它们也会成为长鬃毛猎犬的食物。

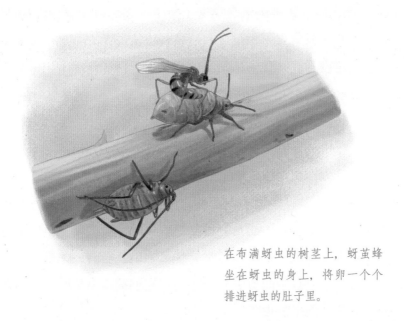

在布满蚜虫的树茎上，蚜茧蜂
坐在蚜虫的身上，将卵一个个
排进蚜虫的肚子里。

很显然，瓢虫、草蛉和食蚜蝇，这些昆虫食用起蚜虫来，都非常残暴，非常野蛮，又非常贪婪，和它们相比，另外一种食用蚜虫的昆虫蚜茧蜂则显得文雅多了。蚜茧蜂是一种小膜翅昆虫，它们的做法是把自己的卵放进蚜虫的肚子里，而不是直接吸食或者吃掉蚜虫。

到了产卵的时候，蚜茧蜂会找到一根布满蚜虫的树枝，它们并不直接叮在那个被选中的蚜虫身上，而是停留在被选中的蚜虫旁边的另一只蚜虫上。身体停稳之后，它们把腹部的顶端向前移动，逐渐靠近那个被选中的蚜虫，然后插入蚜虫的腹部。

插入进行得很巧妙，不仅没有造成蚜虫死亡，甚至蚜虫连稍许的反抗都没有。就这样，蚜茧蜂开始了缓慢的排卵工作。不久之后，一只蚜茧蜂的虫卵就被排进了蚜虫的肚子里。

排卵工作并没有就此结束，在一只蚜虫身体里排下一只卵后，蚜茧蜂会休息一会。然后，它又会选择另一只蚜虫，继续进行排卵工作。这样的工作会持续很久，直到卵巢的卵被排完之后才结束。

蚜茧蜂的卵进入蚜虫的体内，所以当幼虫孵化出来的时候，实际上也就成为蚜虫体内的寄生虫。幼虫们开始在蚜虫体内吞噬，蚜虫自然会非常痛苦。只是不同的蚜虫种类，面对痛苦的方式有所不同。

例如蔷薇蚜虫，当遭遇蚜茧蜂的幼虫在体内吞噬时，它们无法忍受疼痛，就会离开树枝，离开自己的群体，到不远处的树叶上独自煎熬。当然这种行为并不能改变其厄运，不久之后，它们体内的物质被吞噬殆尽，身体就会干枯，生命也随之结束。

大戟蚜虫和蔷薇蚜虫则不同，遭遇蚜茧蜂的幼虫在体内吞噬时，它们不会离开集体，而是选择继续和群体在一起。当然，不管是离开还是不离开，结局都是一样的，不久之后，这些蚜虫也被吸干了，变成了一个干枯的硬壳。

由此可见，不管是哪种蚜虫，当蚜茧蜂的幼虫在其体内定居后，蚜虫最后都会干枯而死。蚜虫干枯之后会变得非常结实，并牢牢地粘在树叶上。这时用刷子都无法把它从树叶上刷掉，需要用针才能把它挑起来。

现在问题来了，那些在蚜虫内定居的蚜茧蜂幼虫该如何从干硬的蚜虫壳内出来呢？它们的做法是在蚜虫背上挖洞。这一观点很容易得到证明，因为从干枯的蚜虫壳上，我们很容易在其底部看到一个小洞，尽管小洞并不大，像扣眼一样，却足够蚜茧蜂的幼虫逃逸了。

蚜茧蜂的幼虫在蚜虫内定居，等到蚜虫变干枯之后，蚜虫并没有立即逃走，而是选择留下来在这里完成蜕变。具体的做法是当蚜虫逐渐变干枯时，蚜茧蜂的幼虫会在蚜虫里编织出一条简单的毯子，然后会在蚜虫的肚子上划开一条口子，在新划开的裂口处，蚜茧蜂的幼虫会吐出一些丝，紧紧地粘住树叶，这样一来，无论刮风下雨，无论树叶如何摇晃，干枯的蚜虫都不会从树叶上掉下来。做完这一切之后，蚜茧蜂的幼虫就可以安心地在干枯的蚜虫壳内进行蜕变了。

现在我们已经清楚这一条食物链了，首先是植物吸收岩石等物质提

供的营养，长出了树枝和树叶。接着是蚜虫用自己的喙，吸食了植物的汁液，经过消化、吸收、转变等一整套复杂的程序，最后把植物的汁液，变成了更高级的食物——动物的肉。一些以蚜虫为食物的消费者又出现了，它们吸食了蚜虫，经过一系列的转化之后，又成为更为高级的食物，最后被更高一级的动物享用。

事情的最后是这些动物，不论是高级的或者是低级的，它们要么是成为食物，被其他动物直接食用；要么是死亡，成为垃圾，被微生物分解，从而成为构成新生命的原料。于是，新一轮的循环又开始了。

第七章

# 腐败物的常客

## ——绿蝇

# 昆虫档案

**昆虫名**：绿蝇

**绰　　号**：绿豆蝇

**身世背景**：广泛分布在世界各地，是日常
　　　　　　生活中常见的一种苍蝇

**身体特征**：比一般的家蝇要大一些，腹部
　　　　　　较圆，形状像绿豆，所以又叫
　　　　　　绿豆蝇

**喜　　好**：喜欢在腥臭腐败的动物尸体处
　　　　　　产卵

**绝　　技**：为大自然滋润土壤

## 绿蝇的蜕变

在我的人生中，曾经有过几个愿望，其中之一便是渴望拥有一个水塘，水塘的表面漂浮着水浮莲，水塘之中生长着灯芯草。工作之余，心情舒畅地坐在水塘旁的凉荫之下，静静地观察水塘中那些生物淳朴、原始，而夹杂着点点温情的生活。

虽然我还没有拥有自己的水塘，但我还是可以经常到其他一些水塘附近散步，这些散步丰富了我的思想。但我拥有自己水塘的愿望并没有就此放弃，只是因为种种命运的安排而迟迟无法实现。

直到有一天，我才决定既然大的水塘短时间内无法拥有，那么我可以用我现在拥有的有限资源，建造一个玻璃池塘。当然，玻璃池塘会有一些缺陷，首先它很小，此外它也不容易像正规池塘那样通过下雨积水而让这水中出现生命。

当然，我的愿望并非只有这一个。阳光明媚的春天到来时，山楂树的花盛开了。此时，我心中会出现另外一个愿望，那就是了解那些清除动物腐尸的虫子有什么习俗。

这个愿望是怎么产生的呢？天气逐渐转暖的时节，我在路上行走，看到有人手里拿着一条被石块砸死的游蛇和一只鼹鼠。我知道这些游蛇去年曾经杀死过很多害虫，保护了我们的庄稼。熬过了一个严冬之后，在温暖的四月里，它们苏醒了，褪去了老皮，换上了新衣，正决定投入新一年的生活时，却被那些无知的人给砸死了。

蛇和鼹鼠的尸体被扔在了荒野，散发出恶臭味，路过的行人大都不愿多看它们一眼，就匆匆离开了。只有我对这具尸体感兴趣，我停下来专门观察它。在尸体上面，我看到了一些很有活力的虫子，我知道这些虫子正在分解尸体。还是把蛇的尸体交给这些虫子吧，它们会做得非常好。

　　我希望在这里认真研究这些虫子是如何分解、吞噬尸体的，但这毕竟不是研究讨论问题的场所，为了避免被别人误认为自己是怪人，我只好遗憾地离开了这里。假如有读者来到这种场合，你们会怎么办呢？你们会觉得观察那些吞噬尸体的虫子，会让自己的眼睛受到玷污吗？实际上，大可不必有这种想法。

　　反正，我是对这些虫子充满了好奇，一直想知道它们是如何拥有新生命的，想知道它们是如何分解那些尸体的。眼前的这具鼹鼠尸体也许可以帮我解开心中的这些谜题，所以我内心真的希望，其他行人都赶紧走吧，让我能够静下心来来研究这些让人难以理解的有关腐烂物的课题。

　　在公开的场合是无法研究这一课题的，当我有了自己的院子之后，这项研究就可以不受干扰，不受指责地进行了。研究进行了一段时间，看起来还算顺利，但猫的出现却改变了这一状况，当那些虫子到处乱爬时，猫常常就会出手，对其实施破坏。

　　为了避免猫的干扰，我准备建立一个空中作坊，这个作坊只有腐尸虫可以达到，猫只能望洋兴叹。在观察对象方面，我选择了蜥蜴、蛇、蛤蟆等，因为它们的皮肤相对光滑一些，有利于我的观察。在支撑物方面，我选择了芦苇，用芦苇制成了一个三脚架，架子离地面有一人多高。架子上放一个罐子，罐子的底部有小孔，这是为了雨天排水的；罐子的底部铺上了一层细沙，等找到观察对象的时候，把它们放到细沙上，就可以进行我的观察了。

　　对我来说，要找到那些动物的尸体，并不是非常容易的一件事。为此，我用分币作为奖赏，让附近的孩子们为我提供这些动物的尸体。春天的时候，那些邻家的孩子兴奋地来到我的院子，并果真给我带来了我要观察的对象。它们送来的尸体种类很多，有时是一条蛇，有时是一条蜥蜴，有时还有猫以及兔子、小鸡等。

　　温暖的四月过去了，空中作坊里的动物尸体的数量也多了起来。第一个来到这个罐子里的客人是小蚂蚁，我曾经试图不让这些小蚂蚁

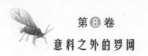
进入我的空中作坊，但几次努力都失败了。这些小蚂蚁的嗅觉格外灵敏，一旦有新鲜的尸体出现，它们能够很快闻到，并立即成群结队地赶来。

很显然，当我的空中作坊里放了很多动物尸体时，蚂蚁总会第一时间闻到，并第一个到达。一进入罐子，在美食面前，蚂蚁们显得异常兴奋，不停吞噬这些动物的尸体。有时候，它们发现这里的食物非常丰富，还会在罐子里建造巢穴，打算在这里暂时定居下来。起初它们是忙碌的，直到尸体的白骨露出来以后，这些蚂蚁才依依不舍地离开。

绿豆蝇在田野间寻觅着，散发着恶臭的腐尸就是它们的目标。

当然，分解尸体的虫子并非只有蚂蚁。尸体经过暴晒之后，会发出浓浓的臭味，于是皮蠹、葬尸甲、腐阎虫、负葬甲、隐翅虫、苍蝇等昆虫，都会接踵而至。通常如果仅有蚂蚁分解搬运尸体，速度是很慢的。现在有了大量昆虫的加入，而且它们个个雷厉风行，个个速度惊人，所以很快就可以把尸体分解掉。

在这诸多昆虫中，有高级净化器支撑的苍蝇，尤其应该引起我们的注意。不可否认，苍蝇的种类非常多，我曾经希望能够对每一类苍蝇都进行一定的研究。然而，我清楚地知道如果这样做，很容易失去耐心。为此，我想我可以只研究几种苍蝇，在掌握了它们的习性之后，凭借触类旁通，就可以知道很多种苍蝇了。正是基于这一想法，我锁定的目标是绿蝇和麻蝇。

绿蝇属于双翅目昆虫，因为在日常生活中，全身闪亮的绿蝇非常常见，所以很多人对它们都很熟悉。毫无疑问，绿蝇是美丽的，它那金绿色的光泽，丝毫不逊色于花金龟、吉丁和叶甲虫等鞘翅目的昆虫。有时候，看到喜欢吃腐烂物的绿蝇竟然穿着如此惊艳的绿衣，我甚至都会感到有些神奇。

绿蝇也有很多种，经常来到我的空中作坊的绿蝇主要有居佩绿蝇、叉叶绿蝇、食尸绿蝇三种。在颜色方面，居佩绿蝇浑身闪着铜色光泽，眼睛是红色的，外面又有一层银色的像是眼镜一样的东西，红色配上银色，十分惹人注目；而叉叶绿蝇和食尸绿蝇都是金绿色的。

在繁殖方面，叉叶绿蝇能力非常强。有一次我在一只羊脖子的颈椎洞内发现了一只等待产卵的绿蝇，等待了大约一个小时以后，颈椎洞几乎被填满了。可以想象，这些卵的数量是非常大的，计算起来非常麻烦。我把这些卵全部饲养了起来，最后等它们变成蛹之后，我认真数了一下，竟然有 157 个。当然，这 157 个也只是巨大数量中的极小一部分，因为在后来的观察中我发现，这些绿蝇会产很多批虫卵，所以只要一个绿蝇，就可以很快衍生出一个庞大的家族。

通常情况下，如果遭遇强烈的阳光暴晒，双翅昆虫的卵就会遭受损害，为此，它们喜欢把自己的卵产在阴暗的地方。因为这个原因，双翅目昆虫喜欢在动物尸体的皮下产卵。在我观察的这个动物尸体肚皮下的褶皱里，就有 8 只绿蝇在产卵。

因为空间有限，8 只苍蝇轮流进行，所以一个上午，这几只绿苍蝇在褶皱的内部唯一出口处进进出出，非常热闹。这也表明，绿苍蝇的排卵不是一直持续进行，而是间断性的。当卵成熟之后，进入输卵管，苍蝇妈妈才会找到合适的地方进行排卵。通常，这个产卵过程要持续一两天，甚至好几天。

绿蝇产卵的过程非常简单，它先用输卵管的尖头进行探索，按照已经排出的卵的顺序，把最新的卵排放在卵堆的最深处。

全身闪亮的绿蝇发现了动物的死尸，
便蜂拥而至，开始忙碌起来。

绿蝇的虫卵一出生，就开始遭遇厄运。绿蝇一边产卵，而旁边就有蚂蚁开始搬运装卸卵。有些蚂蚁胆子很大，竟然直接在绿蝇的输卵管下搬运，丝毫不顾及绿蝇妈妈的感受。看到自己的孩子被蚂蚁当成食物搬走，绿蝇的表现很麻木，俨然一副事不关己的神态。绿蝇的麻木也许是有原因的，因为它产的卵很多，偶尔被蚂蚁搬走一些，也并没有太大的损失。

事实也确实是这样的，没有搬走的卵数量依然惊人，仅凭这些就足以建立一个成员众多的大家庭。转眼几天过去了，虫卵变成了令人恶心的蛆虫，它们在腐烂的、带着恶臭的脓血里不停地蠕动。

数量最多的地方当然是尸体中间的部位，那里虫子数量多得数不胜数。这个景象令人恶心而又令人震惊，但是这还不是最为恐怖的时候，因为那个时刻还没有到来。

在我的空中作坊里，蛇的尸体尤其特别，它那细长的身体盘旋起来，环绕着这个罐子。大量的绿蝇开始在蛇的尸体上聚集起来，但是场面并不是非常喧哗，因为它们都在忙着产卵。很快，卵变成了幼虫，它们不停地蠕动着吞噬蛇的尸体。

要观察蛆虫的进食，需要借助放大镜才行。在放大镜下，我们可以看到蛆虫有时在尸体上散步，有时停下来用自己的口针刺肉。刺肉的时候，蛆虫的屁股不动，前身弯曲，然后用黑色的口针一伸一缩，像活塞一样来回运动。

虽然我观察得很仔细，也确实看到蛆虫的口针不停地向尸体上刺，却没有看到口针上沾有食物，也没有看到蛆虫用其他方式直接吃，也就是说，我没有发现蛆虫进食。但随着时间的流逝，蛆虫却在一天天变大，变胖。

那么在看不到咀嚼，看不到吞食的情况下，这些蛆虫是如何获得营养的呢？我的结论是它们可能在用喝的方式进食，也就是说它们把肉汤当做食物。

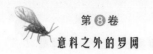

蚂蚁正忙于搬运正在产卵的绿蝇的卵，有些
大胆的蚂蚁居然直接到输卵管下搬运。

接下来，让我们仔细看一下蛆虫是如何吃食物的吧！我先找来一块像核桃那么大的肉，然后用吸水纸把肉内的水分吸干，我又收集了大约200个虫卵放在肉的上面，最后再把它们全部放进试管里，用棉球把试管口堵上。此外，我又找了一块肉，用同样的方式放进试管里，但这个试管里没有放虫卵。

两三天之后，虫卵孵化出了幼虫。这个时候，我奇怪地发现，那个没有放虫卵进去的试管依然保持着干燥，而另一个试管里的肉却变得潮湿起来，而且在试管的玻璃壁上，有蛆虫爬过之后，会留下一条湿漉漉的痕迹。即使是蛆虫没有经过的地方，也会出现一些水汽。

从这两个试管的对比，我们可以清楚地得到一个结论，试管内的液体来自蛆虫身上。此外，那块肉逐渐化鲜完全变成了液体，就如同一块冰块放在火炉边那样融化一样。此时，假如我把试管倒过来，里面的液体就会全部向外流出。

利用其他物质，诸如鹰嘴豆豆球蛋白、谷蛋白、血纤维蛋白和酪蛋白等四元化合物所进行的试验，也得出了相同的结论。这些物质经过蛆虫

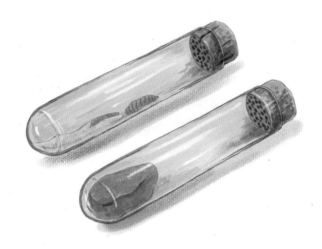

通过对比放有肉的试管可以看出，拥有绿蝇卵的
肉里的蛆虫生活得很好。

的蠕动之后会出现更多的液体，但这些液体里还有部分固体，所以属于
一种半液体半固体状态，不用担心蛆虫在这里会淹死。在不会被淹死的
这种混合物中，蛆虫生活得很好，其生活状态并不比那些在尸体上生活
的蛆虫差。

　　因为没有办法进食固体食物，所以绿蝇经常会把自己的食物变成液
体，成为液体之后，它们才能利用喝汤的形式进食。它们是如何把固体食
物液化的呢？通过观察我发现，蛆虫的口针有种类似那些高级动物胃部分
泌的溶液，当口针上下做活塞式运动时，就如同分泌出了溶液，那些被刺
过的肉出现了少量的蛋白酶。接着，那些被口针刺过的地方就开始液化了。
由这个过程我们可以得出结论，蛆虫是先把食物消化好，然后再吃进去的。

　　先消化，后进食，基本确定了，但当我看到它们在液体食物中蠕动
的时候，还是忍不住想，除了用嘴巴进食之外，蛆虫会不会用它那光滑的
皮肤进食呢？经过观察之后，我得出的结论是蛆虫可能会用自己的皮肤吸
收或者过滤食物。它们喜欢把固体转变成为液体，可能也和它们有时用皮
肤进食有一定的关系。

现在我们再做一个试验，来证实蛆虫会将食物液化这一观点。在我进行试验的罐子里放进去蛇或者其他某种动物的尸体，然后在罐子上方蒙上一层金属纱网，这样一来绿蝇等双翅目的昆虫就无法飞进罐子里去了。

正常情况下，即使在太阳的暴晒下，尸体放在罐子里也会发生腐烂变质，从而让尸体底部的沙土变得潮湿。然而，蒙上了金属纱网之后，由于没有绿蝇等昆虫进来，经过暴晒之后，尸体开始变得干硬，最后变成了一块又干又硬的肉皮，且尸体的下面也是干燥的。

相反的情况，如果我不在罐子外面蒙上金属纱网，绿蝇等双翅目昆虫就会飞进罐子。很快，罐子里的尸体就会变得潮湿，甚至变成脓液，尸体下面的沙土也会变得潮湿起来。很显然，双翅目昆虫让尸体发生了液化。

为了获得更为吃惊的试验结果，这一次我选择了一条身长达到 1.5 米的蛇。蛇的尸体非常大，盘旋了两层，拥挤地堆在罐子里。绿蝇飞进来了，很快尸体开始发生分解，当分解进入高峰的时候，大蛇的尸体完全液化，整个罐子里仿佛成了沼泽地，数不尽的绿蝇幼虫及其他幼虫沉浸在液体里蠕动。

与此同时，罐子里的沼泽浸湿了下面的沙子，罐子底部的那个小孔不断地向下滴出很多液体。分解大概进行了 10 天左右，渐渐地，小孔里不再有液体流出，因为尸体基本已经被分解完毕，液体或者被吸食了，或者被沙土吸干了，罐子里只剩下一些难以分解的蛇的鳞片、骨头和一片狼藉的沙土。

很显然，蛆虫是大自然的分解者，它们把尸体变成了液体，一部分被它们吸食了，一部分则直接返回了自然，成为植物的肥料，让大地变得肥沃了起来。

第八章

# 尸体的消费者

## ——麻蝇

# 昆虫档案

**昆虫名**：麻蝇

**绰　号**：苍蝇

**身世背景**：麻蝇属于双翅目科昆虫，广泛分布在世界各地，但灰蝇大多分布在热带地区

**生活习性**：以卵胎生的方式繁殖，大多在腐烂的物质上产下蛆，或者将蛆产在昆虫或哺乳动物身上，成为它们的寄生虫

**喜　好**：吃动物腐烂的尸体

**绝　技**：能够寄生于别的昆虫

 ## 麻蝇出蛹的奇特过程

　　有一种昆虫的生活方式和绿蝇差不多，它们都把尸体当作食物，都能够很快地把肉质尸体液化，和绿蝇不同的是，它们的外表跟绿蝇不太一样，具体表现为它的身材比绿蝇大，背部有条纹，一对眼睛呈现血红色。这种昆虫就是麻蝇，又被称为肉灰蝇。

　　通常情况下，麻蝇不会飞到我们的家里，对于我们疏于照看的肉，大部分情况下，它们也不会在上面繁衍下蛆虫，所以它们并没有产生腐败物。那么做这些坏事的罪魁祸首是什么昆虫呢？答案是肉蓝蝇。这种蝇子体型肥胖，颜色是深蓝色，一旦发现我们在玻璃窗内储藏的食物，它们就会在玻璃窗外飞来飞去，等待时机，一旦我们不小心没有把玻璃窗关严实，它们就会立即飞进来搞破坏。

麻蝇的块头比绿蝇大，背部有褐色的条纹，长着一对血红的眼睛。

当然，麻蝇也并非永远不破坏我的食物。有的时候，麻蝇在外面找不到食物，偶尔也会勇敢地闯入我们的家里，大肆破坏一番之后，再赶紧逃跑。为了观察这些影子，我的实验室内已经存储了很多肉。我知道，一旦我把哪怕很小的一块肉放到窗台上，那些麻蝇也会飞过来，肆无忌惮地搞破坏。

麻蝇对食物的选择并不敏感。为了研究它们，我找来了一些胡蜂幼虫的尸体。闻到气味，麻蝇飞了过来，对于这些食物，麻蝇可能并没有见过。但它们并不想那么多，就把自己的卵产在了上面。

不仅是胡蜂幼虫的尸体，蛋类它们也不放过。我煮熟了一只蛋，并从蛋上掰下一些蛋白。用不了多久，麻蝇就会飞来，霸占这些蛋白，并在蛋白上产卵。所以，可以想象，不管是经常见到的食物，还是新出现的食物；不管是死蚕等动物，还是芸豆等植物，只要富含蛋白质，麻蝇都可以接受。

当然，虽然麻蝇可以接受的食物种类很多，但它们最钟爱的还是尸体，至于尸体是爬行动物的还是鱼类的，或者是其他类型的，这不重要，只要是尸体，它们就非常喜欢。在我进行试验时，沙罐里放上了肉，麻蝇会经常光顾这里，用自己的习惯尝试一下，看看沙罐里的肉是否开始腐烂。

我不打算在安静的情况下观察麻蝇，为此，我把一块肉放在了窗台上。肉味既吸引来了食尸麻蝇，也吸引来了红尾粪麻蝇。正如名字所展示的，红尾粪麻蝇的末端有一个红色的小点，在体型方面，它要比食尸麻蝇小一些。

麻蝇刚刚抵达这里时，似乎有些胆怯，有些害羞，但这种状况并不会持续太久。等它们适应了这里后，即使我接近它们，它们也不愿意离开窗台上的这块肉。很快，麻蝇就开始了它们的繁殖工作。它们将自己腹部的尾端靠近那块肉，只听得肉发出轻微的两下响声，一大堆蛆虫就被排泄了出来。

一旦被麻蝇排出体外之后，蛆虫就会快速移动，四散分开，速度快

得让我来不及去拿放大镜来仔细地统计它们的数量。我粗略地凭借肉眼估计了一下，麻蝇一次性排出了大约 12 只蛆虫。

这些蛆虫都将爬到哪里去呢？一个想当然的答案是，它们钻进了肉块了，否则没有其他地方可以逃避。但一个问题是这些刚刚出生的蛆虫非常弱小，它们不太可能如此迅速地钻进肉里去。那么它们去了哪里呢？为了找到这个问题的答案，我掰开肉块，在肉的褶襕里发现了这些弱小的幼虫。不要看这些幼虫很弱小，但它们已经可以用嘴搜索，单独行动了。

麻蝇一次产下 12 个左右的幼虫，对于昆虫来说，这个数量并不算非常大，但是它们的数量并不仅局限于此，因为它们还会成倍地增加。每一个麻蝇的皮肤都如同一个裹着无数幼虫的袋子，据观察，这个袋子里包裹的蛆虫大约有 2 万只。

现在有一个问题是，如此众多的蛆虫，麻蝇妈妈该如何安置它们呢？它们要找到多少只死狗的尸体，多少条游蛇的尸体，才能为自己的孩子们找到栖身之所啊！我不禁怀疑，田野里有这么多尸体为它们所用吗？

其实，不用担心，因为它们的要求并不高，只要是尸体，不管是大的还是小的，甚至非常不起眼的尸体，麻蝇都可以接受。在麻蝇繁殖的季节里，麻蝇妈妈们四处奔波，为选择栖身之所，最后这些孩子们也都有了自己的家。等到这些幼虫进入繁殖季节之后，这种场面自然会变得异常壮观起来。

还是让我们来仔细观察一下蚂蝇的幼虫吧，蚂蝇的幼虫体型较大，体格健壮。和绿蝇相比，蚂蝇的尾部形状很有特点，其形状是平切的，而且还有一个很深很深的槽。尤其值得一提的是，槽的底部还有两个呼吸气孔，并有两个嘴唇状的气门。

气门的周围有十多条肉质的饰纹，它们存在的目的不是为了好看，而是有非常有用的功效。当蛆虫陷身液体之中，可能会被淹死的时候，通过收缩或者打开饰纹，蛆虫的气门也就可以随之关闭或者打开，这样一来，蛆虫就不会轻易因为陷入液体而被淹死了。

## 第八章

### 尸体的消费者——麻蝇

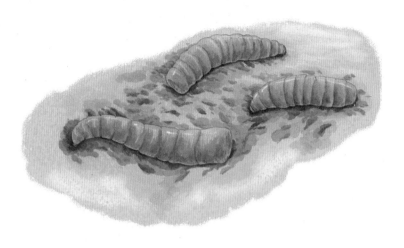

麻蝇的蛆虫长得都很健壮，个头比较大。

麻蝇蛆虫的这对气门装置，让它们的自我保护能力得到保障。在尸体的沼泽中，当它们需要潜入液体底部时，饰纹就会把气门关闭。所以，麻蝇蛆虫拥有了潜水装备，可以自由地潜入或者浮出。

麻蝇昆虫的一个显著特点是逃避光线。为了便于观察它们的特性，我把一些蛆虫放到了一张干燥的纸板上。我把纸板放到距离窗户有三步远的地方，这个时候，麻蝇蛆虫就会把气门打开，朝向和窗子方向相反的方向爬去。

我并不死心，把纸板调转一下方向。纸板上的蛆虫立即发现了这一变化，于是也转过头再次向背光的方向爬去。我再次调转纸板，蛆虫则也会跟着调转方向。所以，不管我调转多少次，蛆虫都会执著地跟着调转多少次。因为这种执著，我只好承认我调转纸板的小把戏失败了。

但我并没有停止我的测试，由于纸板的空间有限，我把纸板放在了地板上。这时，我用镊子让它们面向窗口，当镊子拿开之后，它们就会尽快转身，快速地向背光的地方爬去。可以看出，它们十分厌恶光线。

这个时候，如果我用东西把窗户的光线遮挡住，再把纸板调转方向，因为蛆虫看不到光亮，所以它们就会继续向着窗户的方向爬去。然而，

一旦我把遮挡物从窗口拿走，阳光重新照射进来，蛆虫就会立即调转方向前行。

蛆虫为何要躲避阳光，这很好理解，因为它们长期生活的环境是尸体丛生处，躲在避光处的尸体上。但一个奇怪的现象是蛆虫是个瞎子，它们全身上下只有光滑白嫩的皮肤，此外找不到任何感光的器官。那么它们是如何感光的呢？实际上蛆虫的皮肤就是它们的感光器官，它们虽然不能产生视觉，但它们的感光能力很强，能够辨明明暗。

仅仅从实验室的窗口照射进来的一点光，就会让蛆虫们感到惶恐不安，并不顾一切地逃向背光的地方。试想，如果借助精密的光学仪器，对蛆虫进行观察，可能会观察到一些更有价值的现象。当然，在没有那么多精密仪器的条件下，我依然要进行我的观察研究。

幼虫很快长大了，它们要变成蛹。变成蛹的变态过程，需要在一个安静的环境下进行。为此，幼虫们选择了钻入地下，这里不仅环境清静，而且没有令它们讨厌的光线，它们可以在这里静静地完成变态。

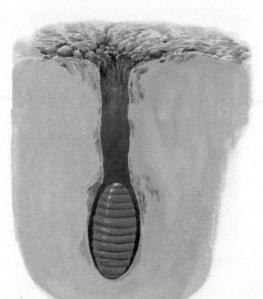

麻蝇幼虫身体长足后要进入地下变成蛹，安静地进行变态。

蛆虫钻入地下的深度也是有所考量的。一般情况下，这个深度大概有一个巴掌的宽度，因为如果钻入得太深，等到它们完成变态之后，厚厚的土壤会让它们爬出来变得异常困难。它们也不会钻得太浅，因为它们喜欢极度的黑暗，哪怕微弱的光线透射进来都会令它们感到不安，所以它们尽可能地希望往下钻，直到它们已经疲惫得挖不动了。在我进行的试验中，我在试管里放的是沙土，蛆虫甚至要钻到1米深的地方进行变态，如果试管再长一些，它们还可能会继续向里钻的。

蛆虫不停往下钻的行为不禁让我认识到，蛆虫躲避的可能不仅仅是可见光的辐射，因为只要有1厘米厚的泥土，就足以阻挡可见光的辐射。显然是一些我还没有掌握的物质造成的辐射，令这些蛆虫感到了烦躁，所以它们喜欢一直往泥土深处钻。由于观测仪器的欠缺，这些方面的知识我只能做一些简单的猜测了。

蛆虫往下钻是容易的，因为麻蝇的幼虫是有口针的。然而，等它们完成变态之后，它们就失去了口针这项工具。不仅如此，成虫后的麻蝇身体非常柔软，所以它们要从厚厚的土壤中爬出来可不是一件容易的事情。

麻蝇破土的方法与绿蝇及其他蝇类昆虫的破土方法是差不多的。现在我来看看这个过程。在破土之前，幼虫首先要做的是从蛹壳里出来。当幼虫还在蛹壳里的时候，它们会利用长在两眼之间的鼓包，让头部的体积不断放大，变成原来的两到三倍，最后就可以把蛹壳挤破。

离开蛹壳之后，麻蝇头部的那个鼓包还需要继续鼓着，这是为什么呢？经过对试管里的麻蝇的观察，我发现麻蝇的这个鼓包有点像是一个容器，在摆脱蛹壳和钻出泥土的过程中，它都将发挥巨大的作用。在出蛹的时候，麻蝇尽可能把自己体内的液体都放置在鼓包里，以让自己的身体尽可能地变小，从而方便它们从蛹壳里逃出来。

出蛹之后，它们面对的一个难关是如何钻出厚厚的土壤。这个时候的麻蝇实际上还没有发育完整，主要表现为它们的翅膀发育不完整，翅膀短小，还到不了腹部的中央位置，而且翅膀的外侧还有一个星月形状的缺

口。翅膀的这种发育状况，是为了减少翅膀的面积和长度，减少出土时的摩擦，为方便麻蝇出土。

开始出土了，鼓包的作用再一次体现出来。随着麻蝇血液交替的饱满和消退，鼓包会交替地鼓起来，瘪下去，不停地循环。每一次鼓包鼓起来的时候，麻蝇头上的沙土就会沿着麻蝇的身体向下流去。这个时候麻蝇后退紧绷，一动不动，等到泥土滑落到麻蝇的脚步之后，它们就会登上泥土，把自己的身体抬高。接着，它们再等待下一次鼓包的鼓起和泥土的下一次滑落。

鼓包每鼓起一次，麻蝇就可以爬升一点，随着头顶的泥土不断地滑落到脚下，麻蝇的身体也在一点点地向上爬升。在泥土中的麻蝇爬升的速度要慢一些，在我的试管里的干燥沙土中，沙土滑落的速度很快，麻蝇爬升的速度自然也会变快，它们的速度可以达到每分钟15厘米。

终于，麻蝇一身尘土地爬出了地面，这个时候的麻蝇变得爱干净起来，它们要清掉身上的灰尘，因为它们要收起鼓包这个装置，所以不能把沙砾带进脑袋里。

麻蝇在来到地面后，为了不把沙砾带进脑袋，必须用前足的跗节仔细地一遍又一遍地清刷翅膀。

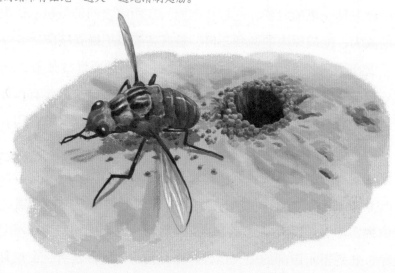

此外，钻出地面之后的麻蝇，翅膀上的缺口已经消失了，翅膀也长大了，它们已经完全地成熟了。等清除掉身上的沙土之后，麻蝇就可以振翅高飞，到沙罐里游蛇的尸体身上，去寻找其他麻蝇了。

 **尸体的消费者**

一只麻蝇可以繁衍出 2 万只幼虫，而且在一年的时间里，它们还会繁殖好几代，可以想象，如果按照这个速度发展下去，麻蝇很可能会成为这个世界的主宰。甚至有人形容：三只苍蝇吞噬一匹马的速度，完全可以赶上一头狮子吃一匹马的速度。

但很显然，麻蝇泛滥成灾的情形并没有出现，因为在现实世界中，它们并不比那种与它们长相有些相似，但一次只能繁衍两个幼虫的丽蝇更常见。为何会出现这种结果呢？因为麻蝇的幼虫虽然很多，但这些幼虫很多都成了别的昆虫的食物。

那么是哪些昆虫让麻蝇的幼虫急剧减少了呢？下面就让我们来观察一下吧！

数量众多的蛆虫待在一条体积硕大的游蛇液化的尸体里，这里成为了蛆虫的乐园，它们在这里不停地进食，不停地游动，数量多得让人根本无法计算。

蛆虫自然无法独享这里的美食，很快其他一些昆虫也加入进来，其中最先到来的就是腐阎虫。仅仅从名字我们就可以知道，腐阎虫也是以腐肉为食的。早在尸体还没有液化之前，和绿蝇一样，腐阎虫也闻臭而至。不同的是，这个时候尸体还没有液化，食物还没有成熟，腐阎虫在一旁耐心地等待着。

腐阎虫的外貌是什么样的呢？不要以为经常在臭烘烘的尸体旁出没的腐阎虫相貌就一定难看，实际上它们的外表是很俊俏的。它的身上黑得

腐阎虫矮墩墩的，穿着严实的护胸甲，
正准备赶往蛆虫的盛宴。

闪闪发亮，如同乌黑的珍珠一样，在乌黑中还衬有色彩鲜艳的装饰；它的身材不高，但很结实；肩膀上有一些条纹，有人字形的，有斜纹的，显得很精致。还有一些腐阎虫，身体的颜色是暗铜色，上面有亮闪闪的斑点。

还是让我们来看看腐阎虫是如何工作的吧！经过短暂的等待之后，尸体逐渐液化，数不尽的蛆虫在液体里来回游动。这个时候，腐阎虫依然躲在干燥的地方不停地游动，它们游动的地方一般是液体中的暗礁，或者是尸体的骸骨。在这些硬实的地方徘徊，既可以避免让自己跌入液体之中，也方便它们观察液体中的蛆虫。

终于，有一只蛆虫靠近腐阎虫所在的岸边了。腐阎虫立即行动，用大颚咬住那只蛆虫，把它从液体中拉了出来。接着，腐阎虫会咬破蛆虫的尸体，慢慢享用这条蛆虫，直到这条蛆虫被吃得一点都不剩。

虽然尸体的液体内有很多蛆虫不停地游动，但身在岸上的腐阎虫要想捕捉到蛆虫并不是那么容易，所以我们经常看到的情况是，一只蛆虫被捕捉上来之后，会有两只腐阎虫一起分享这只蛆虫。

随着时间的推移，肉汤的液体逐渐被沙子吸干了，失去了液体保护的蛆虫，赤裸裸地暴露了出来。这个时候，腐阎虫大量在这里集结，一次大规模的屠杀将在这里上演。短短几天之后，再来观察这里，沙土上已经看不到蛆虫的踪影，翻开沙土里面，我们也找不到蛆虫的尸体，很显然这些蛆虫都被腐阎虫吃掉了。

在之前的一次研究中，因为没有提防腐阎虫对蛆虫的屠杀，所以等到我发现沙罐里的蛆虫不见了，连沙土中也找不到踪影时，我非常吃惊。因此，在后来的试验中，我只好在罐子里单独饲养一些蛹，以防止腐阎虫的入侵。

将麻蝇近2万个子女屠杀得所剩无几，这可以看作是腐阎虫的伟大使命。为了完成这个使命，有的时候它需要等待。例如在屠杀完一批麻蝇的蛆虫之后，它们来到一处新的尸体旁边，这个时候尸体还没有液化，它们就需要吃点别的东西，好不让自己饿死。等到尸体液化之后，它们才开始对蛆虫进行近乎灭绝似的大屠杀。

究竟有多少种腐阎虫呢？在我生活的地方，我在尸体下面或者垃圾堆里，找到了9种腐阎虫。为了观察它们，我在我的罐子里饲养了圆形腐阎虫、红色腐阎虫、绿色腐阎虫和暗色腐阎虫，共4种腐阎虫。

每年温暖的四月降临时，腐阎虫就会怀着屠杀麻蝇和绿蝇的热情，悄然来到我们这里。它们喜欢在肉、鱼等动物的尸体附近守候，等待尸体液化之后再开始行动，它们为何会有这种爱好呢？这是因为尸体还没有液化时，蛆虫身体还很小，味道还不够鲜美。这时，腐阎虫只好慢慢等待，直到尸体液化之后，蛆虫也变得白白胖胖了，腐阎虫才开始它们的盛宴。

腐阎虫屠杀蛆虫时，总是那么急匆匆的，以致于让我认为它们是为了赶紧吃完，好找地方排卵。然而，这个观点却没有得到证明，因为在尸体附近，我根本没有发现腐阎虫的幼虫，也没有发现它们排出的卵。我想腐阎虫的家应该在肥料堆或者垃圾堆里，果然在阳春三月的一天，我在养鸡的地方发现了腐阎虫的蛹。它们把家选在臭气烘烘的养鸡场，目的只是为了方便吞食里面的蛆虫。

蝇子等双翅目昆虫对清理尸体起到了很大的作用，它们液化了尸体，

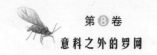

然后土地又吸干了这些液体，但不可否认，这些清理工作还没有达到卫生标准，因为尸体液化了，液体也消失了，但地面上多少还会留下一些残渣。要清理这些残渣，就需要另外的清洁工，它们继续啃咬残渣，直到残渣只剩下坚硬得像象牙一样光滑的骨头。

那么由谁来承担这个清洁工作呢？答案是皮蠹。在我的实验室内，我饲养了波纹皮蠹和拟白腹皮蠹。波纹皮蠹的外表是黑色的，但上面有白色的细波纹，在它的前胸处零星地散落着些棕色的小点；拟白腹皮蠹全身也是黑色的，前胸的边缘处有一层烟灰色的粉，而且它的个头比波纹皮蠹要大一些。

在数量方面，两种皮蠹的数量都非常大，为了清理蛆虫留下的残渣，它们纷纷在我的罐子里短住。和腐阎虫一样，在尸体还没有液化之前，皮蠹们也需要耐心地等待。有的时候，一些拟白腹皮蠹等得非常不耐烦了，它们在罐子里的吊索上爬来爬去，一不小心还可能会掉下来，被摔得四脚朝天。

但大部分的时候，在一旁等待的皮蠹并不是那么着急。和煦的阳光照进罐子里，这些成年的皮蠹开始相互嬉戏，相互打情骂俏，靠这种方法来度过这段无聊的时光。一般情况下，皮蠹们不会发生争夺战，因为它们都知道食物很多，每一个皮蠹都可以吃得饱饱的。

等待并不是那么漫长，很快尸体液化了，腐阎虫开始了对蛆虫的屠杀。蛆虫大量地消失，最后连屠杀蛆虫的腐阎虫也几乎不见了，它们又到其他地方寻找自己的美食了。这个时候，皮蠹的盛宴才正式开始。

皮蠹霸占了被蛆虫侵蚀过的尸体，慢慢享用它们。皮蠹的进食会持续一段时间，炎热的夏天里，尸体残渣上再也看不到其他昆虫的踪影，只有大量的皮蠹们在慢慢享用这些尸体的残渣。

皮蠹吞噬尸体残渣的时候非常安静，以致于让我感觉似乎吞噬工作已经停止，然而一旦掀开覆盖在残渣上面的东西，就可以发现实际上里面异常热闹。当然，突然掀开带来的阳光，令皮蠹和它们的幼虫们非常不适应，因为它们一向喜欢在阴暗的地方，在隐秘的角落里悄悄进食。

炎热的七月里，我继续观察这些皮蠹，会发现它们的蛹。但这些蛹不是像许多其他昆虫的那样在地下，而是在垃圾或者尸体上。显然，它们是不屑于让自己的幼虫躲在地下，靠吃尸体的残渣而成长的。

和皮蠹的不屑不同，葬尸甲却喜欢隐藏在地下进食。在我观察蛆虫的罐子里，经常会有皱葬甲和暗葬甲来到这些罐子里。我知道这些葬尸甲都是腐阎虫和皮蠹的合作伙伴，但可能是行动得太晚了，所以尽管经常见到它们，我却没有得到太多关于它们的资料。

在寒冷的冬天即将结束的时候，在一只癞蛤蟆尸体的下面，我发现了30多只皱葬甲的幼虫。这时这具癞蛤蟆的尸体，腹腔里已经空空如也，外表也因为长时间被太阳暴晒而变得又干又硬。然而，那些皱葬甲的幼虫竟然就躲在下面，啃咬着癞蛤蟆仅剩的这些干硬尸体。

大约是五月的第一周，皱葬甲开始要变态了，它们钻入了地下，在下面建造了一个圆形的巢穴。在这个圆巢里，它们变成了蛹。这些蛹看着非常安静，实际上它们一直清醒着，外界只要发出一点干扰，它们就会扭动身体。

转眼一个月时间过去了，它们完成变态，开始钻出地面。它们在我

到了春天，皮蠹的成虫从地下的圆形巢里钻出来，开始寻找美食。

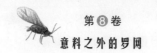

的罐子里忙碌着，它们的忙碌和产卵无关，因为它们的产卵季节在下一个季度，它们此刻的忙碌仅仅是为了寻找美食。

我的盛放尸体的罐子，还会招引来其他一些昆虫，其中就包括马刺蛛缘蝽。通常情况下，它们会成组到来，不过一组的数量并不多，一般不会超过五个。在类别上，马刺蛛缘蝽与猎蝽很近，它虽然浑身散发着臭味，但身材苗条，长着红色的翅膀，外观还不错。

虽然同为蝽，和猎蝽把虫子作为猎物不同，马刺蛛缘蝽的猎物是不会动的尸体骨头。炎炎烈日下，马刺蛛缘蝽在一些尸体上空飞来飞去，寻找那些经过蛆虫、皮蠹处理过的骨头。一旦发现了它们，马刺蛛缘蝽就会立即贴了上去，开始享用自己的美餐。

说是美餐，也许是有点夸张了，进食被蛆虫、皮蠹开发之后剩下的残骸，就如同在一块已经被别人收割之后的麦田里捡拾剩下的麦秆，这还能有什么营养呢？尤其是马刺蛛缘蝽的喙细得像毫一样，在坚硬的骨头上，如此细的喙能够吸食到什么东西呢？我对马刺蛛缘蝽充满兴趣，想观察它们的习性，观察它们的繁衍情况。不幸的是，在我的实验室里饲养的马刺蛛缘蝽，先后都死去了。

最后，还是让我们来看一下隐翅虫吧！隐翅虫中的褐足隐翅甲虫和颚骨隐翅虫，会经常来到我的沙罐里。在这两种隐翅虫中，身体较大的颚骨隐翅虫引起了我的兴趣，所以我花了很多精力来观察它。

颚骨隐翅虫身上有灰色的条纹，底子是黑色的。它们到来时不是成群或者成组进来的，而是一只一只地来。

我观察的颚骨隐翅虫感兴趣的尸体是鼹鼠尸体，进入罐子之后，这些隐翅虫利用大颚，就可以扎破鼹鼠的尸体。尸体被扎破之后，会溢出一些脓血。颚骨隐翅虫非常贪婪，一旦有脓血流出，它们就会肆无忌惮地吸吮起来。不过，它们吸吮得很快，在我还没有来得及观察它们的时候，它们竟突然就飞走了。

很显然，这些隐翅虫飞到我的罐子里，只是想大吃一顿，却并没有兴趣在我的罐子里安家。由此可知，这些隐翅虫的巢穴可能就在附近。我非常渴望获得颚骨隐翅虫的幼虫的相关资料，但由于没有在我的罐子里得到它们，所以我只好把目光转向和颚骨隐翅虫差不多的另一种隐翅虫——芬芳隐翅虫。

寒冬笼罩着大地的时候，随便在小路旁边掀起一块石头，都有可能找到芬芳隐翅虫的幼虫。通常情况下，在一块石头下面只能发现一只幼虫，发现两只的情况非常少见，这主要是因为芬芳隐翅虫不太善于和自己的同类和睦相处。假如真的有两只同时出现在一块石头下面，其结果则可能是一只被另一只吃掉。

为了欣赏芬芳隐翅虫之间的战斗，我把两只健壮的幼虫，放在了一个底部铺有沙土的玻璃杯子里。果然，两只芬芳隐翅虫都想吃掉对方，一见面之后，它们就直立起来，用肛门坐在地上，前面的6只腿伸张开来，带钩的大颚也张到了最大程度。

芬芳隐翅虫的直立，是它的进攻或者防御姿势，这个时候非常适合去研究一下它的肛门这一支柱的功能。当芬芳隐翅虫直立的时候，它们就是靠肛门这个支柱支撑身体的，至于它们的6条腿，实际上已经没有了什么实际的作用，只能毫无章法地挥舞着，企图给对方造成威胁。

芬芳隐翅虫总是不能和睦相处，两只同样健壮的幼虫相遇，其中一只就会成为另一只的点心。

就这样，两只虫子直立着，至于战斗的结果，那只能是听天由命了。战斗也不会持续太久，其中的一只虫子不知道是身体配合有力，还是扭打中占了上风，很快咬住了对方的脖子。被咬的一方顿时鲜血直流，很快就会死去，胜利的一方会吃掉失败的一方，最后只剩下一个坚硬的躯壳。

吃掉自己的同类无疑是残忍的，如果是基于食物的短缺，这还多少情有可原，但实际上，它们的同室操戈并非因为食物短缺，即使有丰富的食物，它们依然会毫不留情地杀死自己的同类。

为了验证这个观点，我为这些虫子提供了大量的害腮金龟蛴螬和压得半碎的轧花蜗牛，这些都是它们非常喜爱的食物。面对这些食物，芬芳隐翅虫吃得非常开心，吃下了几乎和它们的身体差不多的食物。这个时候，已经很饱的芬芳隐翅虫一旦看到自己的同类，依然会直立，依然会挑战，直到对方死去。

不是为了食物，是否是为了情欲呢？毕竟在自然界，为了摆脱情欲的困扰，雌性的螳螂可能会杀死雄性的螳螂，类似的事情并不少见。但芬芳隐翅虫同室操戈并非因为这个原因，它们从幼虫到成虫都不会把同类视为自己的情敌，更不会为了情欲而战。所以，它们的自相残杀显得非常莫名其妙。

在我们人类的语言中，有"吃人肉"这个词语。但很少发现动物之间相食的词语，似乎同类相残只发生在人类之间，和其他动物无关。我们的语言中甚至还有"狼不相残"等名言，以说明动物之间不相互残杀，但芬芳隐翅虫的行为粉碎了这些名言。

这无疑是一种恶习！当这些长着锋利大颚的昆虫飞到我的罐子里时，我是多么渴望了解一下它们的习性，并试图搞清楚这一恶习背后的秘密啊！然而，它们吃饱之后，就立即飞走了，把这个秘密永远地隐藏了下去。

第九章

# 游戏中的勇敢者

——胡蜂

昆虫档案

**昆虫名**：胡蜂

**绰　号**：纸巢黄蜂

**身世背景**：胡蜂属于膜翅目昆虫，全世界都有分布，我国的南方山区分布较多

**习性特征**：胡蜂的口器为咀嚼式，大部分有翅膀，胸腹部之间有纤细的"腰"相连；雌胡蜂具有可怕的螫刺

**喜　好**：以花蜜为食物，喜欢吸取植物的汁液

**绝　技**：能够分泌毒液

**武　器**：上颚

 ## 有智慧的昆虫

自然界的某些昆虫，尤其是膜翅目昆虫，它们的一些技艺非常超乎人的想象，有的真可以堪称为奇迹。例如黄斑蜂，它们利用多种绒毛植物提供的棉花建造起了自己的巢，这种巢不仅质地柔软，而且像天鹅绒一样华美。

和黄斑蜂不同，卵石蜂是用粉末建造自己的蜂巢的。具体做法是，它们先从路面上刮下一些粉末，接着用自己的唾液把粉末和成砂浆，然后再用砂浆修建出一个具有完美几何图形的小塔。在修建的过程中，当砂浆还没有变干的时候，卵石蜂还会在软和的砂浆上镶嵌上小块的石子或者砂砾。卵石蜂的这种蜂巢，既坚固又美观，就如同一座精美的石堡。

筑巢蜂更有特点，它被认为是能够自行使用抹刀的泥水工。在建造自己的巢穴时，筑巢蜂要先建造几间有规则的蜂房，这是在为后面进行的

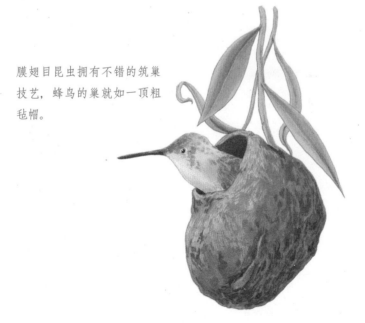

膜翅目昆虫拥有不错的筑巢技艺，蜂鸟的巢就如一顶粗毡帽。

建造活动所打下的基础。

每一个蜂房都被建造得如同一个圆柱。为了让这个蜂巢牢固，就必须把各个蜂房成功地连接起来；另一方面，为节省建筑材料，最好的方式是在相邻的两个蜂房之间，共同使用一堵墙。

现在一个矛盾出来了，已经修建好的蜂房都是圆柱型的，那么该如何让两个圆柱形的蜂房共用一堵墙呢？筑巢蜂很聪明，它在保持原来蜂房体积不变的情况下，对圆柱的外形进行了改变，让它成为了一个不规则的多边形。这种改变，一方面克服了共用一堵墙的问题，另一方面也让圆柱之间的空隙消失了，可谓是一举两得。

我们现在来看看黑蛛蜂吧，它为自己的幼虫准备了一只蜘蛛，并把蜘蛛关在蜂巢里。这个蜂巢的大小和樱桃差不多，蜂巢的外面还有结节状扎花滚边，从外形上看，仿佛是一个被截去了一端的椭圆形，除此之外，这个蜂巢看起来非常有规则。

相对来说，黑胡蜂的蜂巢要比较高级一些。从造型上来看，它是圆拱形，中间凸起，有点像是东方的亭子。圆拱顶的顶端有一个缺口，这是黑胡蜂给自己的幼虫送食物的通道。随着食物不断被送入蜂房，终于达到了充足的程度，这个时候，成年的黑胡蜂就会把一粒虫卵用一根线送进去，并用黏土把这个缺口封上。

在诸多种黑胡蜂中，一般情况下，阿美德黑胡蜂喜欢把自己的巢建立在一块体积较大的鹅卵石上。在修建蜂巢时，它们喜欢把一些有棱角的砂砾，一半镶嵌入筑巢用的泥浆里，一半裸露在外面，以增加美观效果。在用泥土封巢穴上的缺口时，它们还喜欢在上面放上一个扁平的石头，或者放一个非常小的蜗牛壳。黑胡蜂的巢穴是用胶泥建成，温暖太阳烘干了巢穴之后，加上有砂砾等装饰物的衬托，黑胡蜂的巢穴显得异常精美，异常别致。

然而，这种状态并不会持续太久，因为它们会在圆拱顶的周围继续修建一些圆拱形的房子，并且还会以已经建造好的圆拱房子的墙壁作为墙

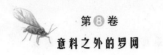

壁。这样一来，一个房子挨着一个房子地修建了起来，原来精美的形状早已经不见了。

此外，为了让房子之间彼此紧紧地靠在一起，房子最初的圆拱形也得不到保障，为了弥补某些凹进去的部分，新修建的房子某些部位需要突出来，或者做出一些其他方面的改变。

经过这样的改变之后，黑胡蜂的蜂巢已经非常丑陋，如果不是因为蜂房的缺口还存在，我们真难以相信这个丑陋不堪的蜂巢，竟然是由灵巧的黑胡蜂修建而成的。

与阿美德黑胡蜂相比，有爪黑胡蜂的蜂巢则不是那么令人满意。它们也喜欢在大石头上筑巢，镶嵌的装饰和顶上的缺口，都和阿美德黑胡蜂差不多。然而，后来它们又在外层抹上了一层砂浆。毫无疑问，这层砂浆让本来精致美丽的蜂巢变得有些笨拙丑陋。

有爪黑胡蜂为何要这样做呢？原因很简单，就是为了安全。起初，它们在筑巢时是追求美的，但为了安全这个非常现实的问题，它们牺牲掉了对美的追求。

黑胡蜂有时将巢建在石头上，蜂巢的表面起伏不断，每个凸起处就是一间蜂房。

胡蜂可以用自己的建筑方式来建造弧度平
缓的椭圆形加椎体形状的巢穴。

为了实用目的而放弃美，这并不是什么新鲜事。阿美德黑胡蜂就是
为了群居方便，而把本来精美的单个蜂房，硬是建立在了一起。

还有一种黑胡蜂，它们单个筑巢，则没有出现阿美德黑胡蜂那样的
问题。根据幼虫的需要，它们在叉柱上修建形状差不多一样的蜂房。由于
建筑规则没有改变，所以，最后蜂巢的风格并没有大的变化，蜂巢的完美
造型才得以保持了下来。

胡蜂是如何筑巢的呢？起初，筑巢的胡蜂只有一个，那就是蜂巢的
创建人，也就是胡蜂幼虫的妈妈。胡蜂妈妈非常繁忙，它一边筑巢，还要
一边做家务，可想而知，胡蜂妈妈筑巢时有些匆忙，只能简单地搭建起一
个屋顶。不久之后，胡蜂妈妈的孩子——工蜂来了，它们主动承担起建造
蜂巢的任务，它们要建造大量的蜂房，以为胡蜂妈妈产卵做准备。

工蜂筑巢时非常认真，各干各的，又彼此协作，俨然一个和谐的劳动集
体。工蜂们建造的蜂房很有规则，蜂巢的圆形顶端很快就被修筑成为了一个
带有尖端的圆锥形。圆锥形的顶端，有一个看起来非常精致的出口。

观察蜂类筑巢，我们可以得出一个结论：从一出生开始，这些昆虫

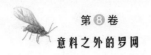

就具备了几何学知识和建造程序、结构安排等方面的知识。当然，不同的昆虫种类，这些与生俱来的知识有所不同，但是在同一类昆虫中，它们的这些与生俱来的知识则是相同的，固定的。

正是因为不同昆虫具有不同的与生俱来的知识，所以不同类型的蜂，自然会有不同风格的蜂巢，例如黄斑蜂用棉质物质筑巢，黑胡蜂会修筑圆拱形巢等，不同的巢穴都代表了它们不同的建筑特点。

我们知道，人类在开始建造一个建筑之前，通常会进行充分设计、论证等工作，但昆虫则不会这样做。刚刚开始准备建造时，它们已经胸有成竹，凭借着遗传的天赋，它们就可以把自己的巢穴修建好。

现在如果我们打开胡蜂的蜂巢，就会发现那是由两层间隔不大的外壳紧紧地套在一起的。可以想象，现在蜂巢还没有完全建好，如果等到工程圆满结束，蜂巢内应该有很多层。

当然，即便是眼前这个不太成熟的蜂巢，我们也可以发现胡蜂在筑巢的时候，采取的一种保暖的方法。我们知道，就如同北方居民用两层窗户保暖一样，如果在两块隔板间加上一块固定的气垫，可以起到明显的保温作用。

人类发现并利用这一物理学原理，是很晚以后的事情，但胡蜂早在此之前，已经知道利用这一物理学原理了。它们巢穴内的多层结构，其实就是一个保温效果非常强的恒温装置。

修建蜂巢的工程一旦开工，施工进度就会很快。起初蜂房里只有一层六边形的蜂房，这个蜂房的开头是向下的。不久之后，几个同样的蜂房就会一层一层地被修建了出来，最后蜂房的数量可以达到100间，这个规模与胡蜂幼虫的数量基本一样。

胡蜂抚育后代的方式与其他蜂儿有很大的不同。对于其他蜂儿来说，成年蜂儿需要提前为幼虫准备好食物，把食物分好，放到一个一个的蜂房里。接着，蜂儿在蜂房里产下虫卵，然后把蜂房封上。幼虫们在封闭的蜂房内，靠着蜂儿提前为它们准备的食物，就可以自己活下来。

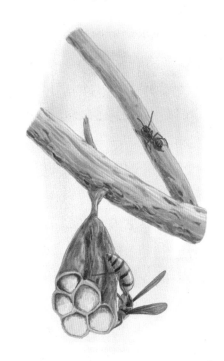

胡蜂的蜂房是六边形的, 工蜂必须要为蜂后产下的卵安置房间。

蜂儿幼虫的这种不需要外界帮忙, 完全自己成长的方式, 决定了蜂房建造得不太规则, 建造得有些杂乱无章, 这些都不是什么大问题, 只要蜂房内足够安静, 蜂房内的食物够幼虫吃, 这样就可以了。

然而, 胡蜂就不同了。胡蜂幼虫的自理能力很差, 从小到大, 它们都需要别人来喂食。对这些幼虫进行抚育工作的是成年工蜂, 它们日常的工作有叫醒熟睡的幼虫, 用自己的舌头为幼虫们洗脸, 最重要的还有口对口地给这些幼虫喂食。

幼虫的数量很多, 护理工作的复杂性, 决定了胡蜂的巢穴内必需有良好的秩序。因为对于其他蜂儿来说, 成年昆虫只要把充足的食物放进蜂房, 就可以把蜂房封闭起来, 所以蜂房内的秩序不是那么重要。但胡蜂幼虫是需要喂食的, 如果蜂房内部没有好的秩序, 一大群胡蜂幼虫乱哄哄的, 则会让喂养工作进行得异常艰难。

为了解决这个问题, 胡蜂一方面要尽可能多地建造蜂房, 来安置数量众多的幼虫; 另一方面, 蜂房的数量再多, 也不能影响到整个蜂巢的坚固性，这就要求胡蜂在筑巢时，要尽可能地节省好、利用好房屋空间。

不仅有空间上的考虑，还有材料上的考虑，因为胡蜂建造蜂巢的材料也是有限的，所以它们在修建蜂巢的时候，也不得不想办法尽可能地少用一些建筑材料。

蜂房数量多，空间不能大，还要少用建筑材料，胡蜂是如何解决这些问题的呢？方法之一就是共用一堵墙。

具体做法就是，它们不再追求蜂房的圆形结构，而采用了棱柱形的设计，这样一来相邻的蜂房就可以共用一堵墙了。棱柱形已经确定了，那么在房间的总面积不变的情况下，在等边三角形、正方形、六边形这些可供选择的图形中，采取什么图形更有利呢？最后根据同等条件下空间最大，并结合幼虫的身体条件，胡蜂选择了六边形，所以它们的蜂房也就是六边形结构。

六边形的结构，既节省了建筑材料，又最大化地利用了空间，还非常有利于蜂巢的稳定，所以胡蜂的蜂巢是一项非常伟大而又精致的建筑工程。

介绍完蜂巢的伟大，我们应该关注一下胡蜂了。这个如此不起眼的昆虫，是如何修建出如此令人赞叹的建筑的呢？

对于研究这个问题，有人建议可以在一个瓶子里放入一些豌豆，再加入一些水。豌豆被水浸泡以后，体积会放大，最后它们在瓶子里被挤压成为多面体。和这些豌豆类似，胡蜂在修建房子时，毫无计划地把自己的房子修建在了别人的房子上，最后彼此挤压，变成了我们看到的六边形。

实际上这种观点是不正确的。要反驳这种观点，只要进行一次观察就可以了。观察胡蜂筑巢的过程并不是很困难，阳光明媚的春天来到大地上的时候，胡蜂妈妈只能一个人筑巢。

很显然，这个时候隔壁没有其他胡蜂在筑巢，所以胡蜂妈妈没有受到什么挤压，也没有受到什么其他约束而被迫改变蜂巢的形状，它只是按照自己内心的想法，随心所欲地筑巢，最后筑出了一个六边形的蜂巢。

　　为了进一步反驳那个观点，我们可以观察一下长脚胡蜂，或者其他任何一种胡蜂的筑巢过程。那些还没有完全竣工的蜂巢，四周空出了很多空间，空出空间的那部分筑巢，自然也就不会存在有所谓的挤压理论的限制了，但是那些蜂房依然是六边形的。通过这些观察，我们可以轻易得出结论，那个所谓的挤压理论是站不住脚的。

　　此外，关于胡蜂为何造成如此精妙的房子，还有一些其他的理论观点，但这些观点并不能够成立。其实，这个问题的解释，与蜗牛等软体动物为什么能够按照著名的对数螺线的曲线定律，把自己的外壳卷起来是一样的。

　　对于蜗牛来说，它之所以按照这种方式卷起贝壳，不是因为挤压，不是因为彼此之间的冲突，也不是因为建筑物的交错等问题，它们生长出这样的贝壳，完全是在单独的情况下完成的。

　　蜗牛的贝壳是不是在变得越来越完美呢？答案是否定的。实际上从大自然诞生以来，一代又一代的蜗牛们就是这样卷起它们的贝壳的。所以，蜗牛等软体动物卷起贝壳的时间，可能是和世界存在的时间一样长的。

　　无论是胡蜂的房子还是蜗牛的贝壳，它们都涉及到了几何学。所以，对于胡蜂房子问题的解释，可以参考古希腊哲学家柏拉图的一句话"创造力常常会化为几何学"。

## 短命的胡蜂

　　九月的一天，我带着我那年龄最小的儿子保尔，一起外出游玩。当我们在小路上行走的时候，在距离我们很近的地方，我们发现了一些东西从地面涌了出来，快速地爬上来，最后消失不见了。儿子的眼力很好，他高兴地喊道："有一个胡蜂窝在那里，我敢肯定，一定是胡蜂窝！"

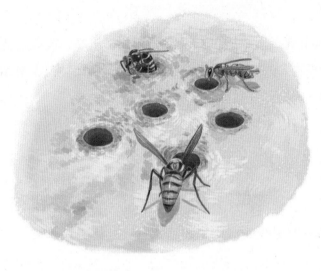

胡蜂在拇指般大小的圆形小门中进进出出，不停地忙碌着。

我们非常谨慎地靠近了这个地方，以防惊动那些胡蜂。靠近之后，我们可以清楚看到这里有一个圆形的小门，大概只有拇指大小，有很多胡蜂从这里进进出出。这个时候，我有些害怕，因为我们距离它们太近了，这样会容易惹怒胡蜂，并引发它们发动攻击行为。

我希望获得胡蜂的窝，但要得到它并不容易。之前有人为了获得胡蜂窝，会不惜让自己的仆人冒着被胡蜂蜇的危险。我没有如此高的地位，也没有足够的钱来请这些仆人，所以我能够采取的方法，就是让自己的皮肤去冒险。

经过反复权衡，我认为只有让胡蜂死去，才不会蜇人，所以在摘取胡蜂的窝之前，最好的办法是把窝里的胡蜂全部闷死。毫无疑问，这种做法非常残酷，但也是非常安全的。

怎么闷死胡蜂呢？我决定采用严格的窒息法，所利用的工具就是汽油。之所以采用汽油，一方面是因为汽油价格低廉，另一方面是因为汽油不会像其他诸如二硫化碳之类的物质那样，快速导致胡蜂死亡。

事前我知道，这个方法实施起来非常容易。我先找来一根芦苇，把芦苇的一端插入蜂巢，这时芦苇好比一个漏斗，我从芦苇外面的一端倒入汽油，汽油即可顺着芦苇流入蜂巢。汽油被注入蜂巢以后，我用一块黏土团把出口堵住，窒息法就实施完成了。

我选择在夜幕下实施这项工作，夜晚 9 点时，我和儿子保尔拿着工具包，在手电光的照明下，来到了胡蜂的这个地下巢穴。由于我对巢穴内长廊的方向不是很清楚，所以芦苇插入时有些不太顺利。

最后终于插入成功了，我们开始向里面灌汽油。很快，受到入侵的胡蜂们在巢穴里发出愤怒的声音。为了安全起见，我赶紧用泥团堵上了巢穴的洞口。一切都结束之后，我们带着工具离开了。

黎明的曙光刚刚照耀大地的时候，我就带着儿子，拿着工具赶到了蜂巢那里。此时，蜂巢内的胡蜂自然都已经死去了，但当晚选择在田野过夜的胡蜂现在已经醒来，有的正打算归巢。看到它们飞过来了，我并不十分畏惧，因为这个时候气温偏低，胡蜂的攻击能力有限，我只要挥动一下手绢，就可以把它们赶走。

太阳正在东方爬升，气温也在一点点升高，我们必须在气温回升之前，把胡蜂的巢穴挖出来。在巢穴的附近，我们挖了一条很宽的壕沟，为了防止不小心挖到并破坏蜂巢，我们以昨夜插入的那个芦苇作为标记。

挖掘工作是一层一层地向下进行的，大约挖到半米左右的时候，蜂巢就完美地显现在我

法布尔带着儿子保尔，拿着工具
包赶到了胡蜂的地下巢穴。

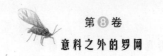

们眼前了。蜂巢的形状是圆的，有笋瓜那么大，周围的蜂巢壁并不与四周的泥土粘在一起，只有蜂巢的顶部结结实实悬挂在上面的泥土上。

当然，蜂巢也要根据地下状况而被迫改变形状。例如假如地下有石子存在，蜂巢也会随之变形。毕竟，胡蜂虽然善于筑巢，却没有能力改变地下的土壤构成。

一个笋瓜一样大的蜂巢，蜂巢四壁又不与泥土粘连，可以想象蜂巢所在的洞穴也不会小。实际上，在我挖掘的时候就已经深刻感受到，蜂巢所在的洞穴非常宽敞。

那么问题来了，胡蜂是如何挖出这样一个宽敞的洞穴的呢？有一点是可以确定的，那就是这个洞穴必然是胡蜂自己挖的，因为在自然界，它们不太可能能找到一个有如此规模的天然洞穴。

但是在起初选择洞穴地址的时候，为了能够让挖掘进行得快一点，胡蜂有可能会选择之前田鼠挖的藏身洞。有了这个鼠洞作为基础，挖掘工作自然会轻松很多。但剩下的工作必须由胡蜂自己来完成了，对于身材很小的胡蜂来说，这个工程量依然不算小。

现在还有一个问题，挖出如此大的洞穴，那么挖出的泥土去了哪里呢？胡蜂没有像蚂蚁那样把挖出的泥土搬运到自己洞穴的门口，因为如果这样，胡蜂洞穴门口会堆出一个小土堆的。通过观察我发现，原来胡蜂是用嘴巴叼上泥土，在飞出洞穴时，它们把这些泥土撒向了广阔的原野，所以任谁也很难发现胡蜂挖洞所挖出的泥土。

挖到了蜂巢之后，为了研究蜂巢的内部结构，我打开了蜂巢厚厚的外壳，蜂巢内部结构尽收眼底。蜂巢内每一个蜂房的门都是向下的，蜂房连在一起构成巢脾。巢脾有很多层，而且层数可以发生变化，有时候，甚至可以有十多层。

蜂房内的世界非常奇妙，胡蜂的幼虫们以颠倒的姿势进食，睡梦中慢慢成长。为了便于喂食这些幼虫，巢脾之间会留有一定的空间。在这里，成年工蜂来回穿梭，忙于照看这些胡蜂的幼虫们。

中型胡蜂巢穴的用料是一种薄薄的灰色纸张，上面带有白色条纹。

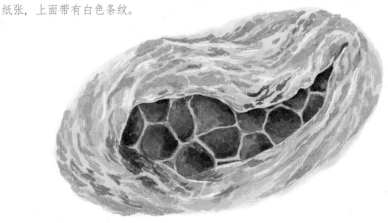

蜂巢上下大小并不一样，下层要比上层大，这是因为下层饲养的是雌蜂和雄蜂，而上层饲养的则是工蜂。别看工蜂体积很小，所需的住房空间不大，但它们却特别喜欢劳动，在修建和扩大蜂巢的工作中，它们作出了重大贡献。

在一个完整的蜂巢里，有多少蜂房呢？当然，不同的蜂巢，这个数量肯定是不同的。但总体算来，假如一个蜂巢有 15 层巢脾，那么蜂房的数量大概可以达到 13 000 个。

知道了蜂房的数量，也可以推断出这个蜂巢一年产出的胡蜂的数量。计算的方法很简单，假如一个蜂巢有约 10 000 个蜂房，一个蜂房平均饲养过 3 条幼虫，那么这个蜂巢一年产出的胡蜂幼虫就有 30 000 条。

寒冬降临了，那些胡蜂在干些什么呢？为了找到这个问题的答案，我需要重新找到一个没有挖掘过的蜂巢。这个问题并没有难住我，因为之前我发现了一个胡蜂的窝，现在我对这个胡蜂窝已经熟悉了。

现在已经是十二月了，虽然还没有到一年中最冷的时候，但寒冷早已经让胡蜂们失去了活动能力，所以我不需要使用汽油来残忍地杀害那些具有攻击性的胡蜂了。

一天清晨，我开始了蜂巢的挖掘工作。挖掘进行得很顺利，很快一个完整的蜂巢就出现在了我的眼前。蜂巢底部的洞穴像一个圆形脸盆，上面躺着一些胡蜂，其中有些已经死去，有些即将死去。它们为何会死在这里，可能是因为它们已经意识到自己不行了，就离开卧室来到这里；又或者是一些健康的胡蜂把它们扔到了这里。不管是哪一种情况，洞穴的底部都可以看作是胡蜂的公墓。

在这座公墓里，尸体最多的当然是工蜂，其次是雄蜂，因为这两种胡蜂已经完成了它们的使命，死亡也没有什么值得惊奇的。但在这些尸体中，竟然也有一些肚子里已经怀上宝宝的雌蜂，这不禁让我担心起它们种族的繁衍问题。

不过，很快我就发现自己的担忧是多余的，因为在蜂巢里我发现了很多胡蜂，它们足以完成胡蜂的繁衍。发现一切都完好之后，我又把蜂巢安置好，以便接下来进行观察。

此外，我割下了部分巢脾，又用镊子挑选了一些胡蜂，把巢脾连带胡蜂，一起放进一个有金属罩的罐子里。

为了观察胡蜂，法布尔等在它们的洞穴旁并抓住了钻出来的胡蜂。

随着一月的临近，北半球的气温进一步降低，我知道将会有一大批胡蜂死去。这一方面是因为气温太低，另一方面是因为粮食、甜果等食物没有了，所以饥寒交迫的胡蜂在寒冬里悲惨地死去了。

被我放进罐子里的那些胡蜂，也许可以逃过这场厄运。因为当寒冬降临时，我的工作室，屋内会生火；阳光会透过窗户照射进来；墙壁抵挡了外面的寒风，又留下了房内的温暖。所以即便是寒冬季节，我的实验室依然有很高的温度，这些胡蜂自然也就不会被冻死。在金属罩子的下面，我为那些胡蜂准备了一碗蜂蜜，还准备了一些葡萄，这样这些胡蜂就不会被饿死了。

但显然我太过于乐观了。在最初的一周里，我饲养的这些胡蜂晒太阳，喝蜂蜜，吃葡萄，一起嬉戏，散步，一切都很正常。

然而，一周之后，它们吃东西的时间明显变短了，起初我以为这是因为它们的生活比较安逸。但不久之后，我发现它们在大量地死去。

在这些被饲养的胡蜂中，我对雌蜂尤其关注。上午，当其他胡蜂死去的时候，雌蜂也变得危险起来，它们仰面朝天，像是在打哈欠，但肚子一阵痉挛之后，就一动不动了。

起初，我以为这些雌蜂也死了，但冬日的太阳照射进来后，这些雌蜂又活了过来，爬进了巢脾里。然而，问题并没有就此结束，下午的时候，这些复原的雌蜂又死了，这次是真的死亡。

胡蜂的死亡令我感到惊奇，我天天观看它们，终于发现了一些令我感到震惊的死亡细节。工蜂的死亡可以用猝死来形容，通常它们会从巢脾上突然滑落下来，然后就一动不动了。它们的死亡是那么快，寿命是那么短，不禁令我为之惋惜。

雄蜂的命运同样是悲惨的。严寒到来时，它们似乎还想抗争一下。在我的罐子里就有几只雄蜂，它们靠近那些雌蜂，希望与它们交配。现在已经过了交配季节，所以那些雌蜂抬起一脚，就可以把这些雄蜂踢开。既然交配的季节已经过了，雄蜂的使命也已经完成，所以它们已经没有用了，将会不可避免地死去。

冬天被抓到室内笼子里的胡
蜂，虽然有葡萄吃，可最终
还是死掉了。

在蜂巢里，按照寿命的长短计算，雌蜂正当年富力强的时候，所以当寒冬笼罩大地的时候，这些雌蜂是有可能熬过去的。当然，最有希望能够熬过去的是一些体格健壮的雌蜂，即便是寒冬降临，它们依然会保持自身的清洁。它们吃下食物之后，体力逐渐得到恢复，就会一边在太阳底下晒太阳，一边除去身上的灰尘，让自己的服装显得像往常一样光亮。

毫无疑问，并不是所有的雌蜂都能够熬过严冬，尤其是那些体弱的雌蜂。晒太阳的时候，它们要么是无精打采地散步，要么干脆一动不动，而且连身上的灰也懒得去除掉。

对自己个人清洁问题的不注意，实际上是一个可怕的信号。大概两三天之后，它们就走到了生命的最后一刻。当它们还在蜂巢上晒太阳的时候，就突然从蜂巢上摔了下去，并就此死掉了。

雌蜂为何不死在蜂房里呢？这涉及胡蜂这个群体的一个严格法则，即不管什么原因，不管蜂巢里还有没有足够的蜂房，一切尸体都必须远离它们的婴儿房，以保持婴儿房的干净。

如果有工蜂存在的话，遇到尸体，这些爱干净的工蜂会毫不客气地把它们拖出去。不幸的是，当严寒降临的时候，工蜂过早地死去了，所以雌蜂只能选择自己跳入公墓，来结束自己的生命。这种行为有些可悲，却又很伟大。

寒冬还在持续，但我的实验室内的温度并没有随之降低，我所准备的食物也没有减少，不幸的是，我饲养的胡蜂却在一只接着一只地死去。等到圣诞节即将来临时，我饲养的胡蜂只有12只了。转眼过了元旦，胡蜂的数量更加少了，6号那天天空纷纷扬扬地下了一场雪，我饲养的最后一只胡蜂也在这一天死了。

我非常奇怪，在我的实验室里，温度没有问题，食物没有问题，大部分的日子里，胡蜂们还可以晒一下太阳。那么这些胡蜂为何会一个又一个地全部死掉了呢？

至于雄蜂的死，我是知道的，因为它们的交配任务已经完成，胚芽已经留在了这个世界上，所以它们已经完成了使命，留在这个世界上已经没有什么用了。

至于工蜂的死，我还不能解释得很清楚。显然工蜂还有利用价值，明年春归大地的时候，胡蜂要修筑蜂巢，勤劳的工蜂可以帮上大忙的。

至于雌蜂的死，我也不是太了解。在我饲养的胡蜂中，雌蜂约有100只，但没有一个熬过这场严冬。从年龄方面来看，雌蜂还很年轻，它们在10到11月的时候刚刚从蛹壳里出来，所以正值青春年少，体格健壮；从使命来看，雌蜂将要承担繁衍后代的伟大使命，它们代表着未来。尽管如此，这些雌蜂还是和那些已经没有价值的雄蜂和过度劳累的工蜂一样，在寒冬里死去了。

也许有人会认为，我饲养的雌蜂的死亡具有偶然性，也许田野里的情况有所不同。实际上，在田野里也发生了类似的情况。来到那个熟悉的田野蜂巢里，在蜂巢底部的内阁被称为公墓的地上，堆积了大量的胡蜂尸体。到底有多少胡蜂死了，我无法准确推测出来，只是能够估算出数量非常大，有几百只，甚至几千只。

这么多的胡蜂都死去了，那么胡蜂该如何完成种族繁衍呢？实际上

这个问题并不大，因为一个蜂巢里平均只有一只雌蜂活了下来，那么明年它将能够繁衍出 3 万只左右的胡蜂。所以，假设蜂巢的胡蜂如果都不死的话，第二年胡蜂可能会泛滥成灾的。

所以，蜂巢里的胡蜂大量死去，并不是因为传染病，不是因为恶劣的气候，也不是因为其他偶然性的原因，而是因为事物的法则：它们狂热地去繁衍后代，就必然用另一种狂热的方法去摧毁自己。

虽然明白了这个残酷的法则，我的心中依然还有一些疑问，既然只有一只雌蜂能够幸运地存活下来，为什么蜂巢里还存在那么多胡蜂妈妈呢？为什么蜂巢里会有如此多的受害者？对于这些问题，我绞尽脑汁也找不出答案。

## 和谐的生存环境

现在，让我们来看看那些盛放胡蜂尸体的，被称为是公墓的垃圾坑吧！我们上面已经说了，为了给幼虫营造干净的环境，那些因为年迈或者体弱而死去的胡蜂，都集中在了那个垃圾堆里。

到了秋末，大致在 11 月至 12 期间，那些成熟较晚的胡蜂也遭遇毁灭，尸体也同样堆积在那个垃圾堆里。可以想象，一个蜂巢里有 3 万只左右的胡蜂，其中大部分都成了尸体，堆积在这个垃圾堆里，所以这里尸体的数量是非常多的。

在自然界，珍惜食物是一个普遍的法则，连猫头鹰吐出的一团毛都会有专门的用处，那么蜂巢下如此众多的胡蜂尸体，自然也会有它的用处。对于那些以胡蜂尸体为食的动物来说，那里无疑是一个巨大的粮仓。

可以想象，如果把蜂巢下面的那些胡蜂尸体扔到地面上，一定会吸引大批的鸟类来这里觅食。尤其是夜莺，它们特别喜欢以胡蜂为食，正因为此，夜莺才喜欢在养蜂场附近安家。但不幸的是，那些尸体全都集中在

法布尔向附近的橡树林主请教夜莺成群地安居在一个地方的原因。

地下，里面黑暗而又狭窄，鸟儿是无法吃到这些胡蜂的尸体的。

要想吃到这些尸体，需要体积小而又胆子大，绿蝇、麻蝇可以以胡蜂的尸体为食，还有一些蝇类则是专门以胡蜂的尸体为食，例如蜂蚜蝇。

蜂蚜蝇的身体强壮，身上有黄色和褐色相间的花纹，乍一看去，颜色和胡蜂真有几分相似。为了获得食物，也为了照顾家人，这些蜂蚜蝇就"穿着"和受害者差不多的衣服，冒险进入了蜂巢。

虽然颜色上有点像，但蜂蚜蝇和胡蜂还是有很大的不同，那么蜂蚜蝇是如何在蜂巢里生活了那么久，甚至还把自己的卵也排在蜂巢上的呢？

我们看到蜂蚜蝇虽然进入了蜂巢所在的洞穴，靠近了蜂巢，但它们只能在蜂巢的外围停留，却不会进入巢脾。这是因为作为外来客，蜂蚜蝇只要不激怒胡蜂，胡蜂是可以接纳它们的，也不会找它们的麻烦。但一旦它们试图进入巢脾，就可能会激怒胡蜂，其结果可能就是被胡蜂攻击致死。

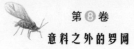

蜂蚜蝇会在黑暗中小心翼翼地摸进胡蜂的洞穴，偷偷地产卵。

我在进行实验时，因为没有找到蜂蚜蝇，只好用苹蚜蝇来代替它。相对来说，苹蚜蝇比蜂蚜蝇在外表上更接近胡蜂。但外表的相识并不能骗过胡蜂，倘若苹蚜蝇胆敢进入巢脾，胡蜂就会毫不客气地刺死它们。

为了验证这一观点，我又选择了其他一些双翅目昆虫，所得到的结论都是相同的，进入蜂穴和胡蜂成为邻居，是可以被接受的，但胆敢入侵巢脾，则会立即受到攻击。

此外，对于蜂蚜蝇来说，还有一点是不利的，那就是在蜂巢里胡蜂是在黑暗中工作的，这样一来，蜂蚜蝇外表颜色上与胡蜂有些类似的这个优点，实际上也就发挥不到什么作用了。

只要不进入巢脾，就是安全的，胡蜂的这种包容精神令我感到惊讶。有一天，我看到一只双翅目昆虫飞进了胡蜂的巢穴，从外表来看那是一只家蝇。我们知道家蝇的外表和胡蜂并不像，所以可以认为它们是没有经过伪装，就如同进入自己的家一样大摇大摆地飞进了胡蜂的巢穴。

对于这种闯入者，胡蜂是如何处理的呢？答案是听之任之。通常情况下，只要洞口没有发生拥挤，其他昆虫飞入洞穴，胡蜂都是毫不理会的。

之前挖掘胡蜂的洞穴，也已经得出结论，胡蜂是能够和闯入的邻居们和平共处的。看到这一幕我非常惊讶胡蜂的宽容，同时也不禁好奇：很多人认为蜂蚜蝇以及其他蝇类经常会劫掠蜂巢，杀死胡蜂幼虫，这难道是真的吗？为了解开心中的这个谜团，我决定从孵化时就开始观察这一切。

九月十月之时，气温逐渐转凉了，蜂巢的外壳上有不少蜂蚜蝇的卵。我从蜂巢上剪下一块，把它放到一个大口的瓶子里，在接下来的一段时间里，我会经常研究这些虫卵的变化。

蜂蚜蝇的虫卵是白色的，依附于灰色的蜂巢上，显得格外明显。通过观察，在最初的一段时间，几乎没有幼虫孵化出来。刚刚从虫卵中爬出来的蜂蚜蝇幼虫是白色的，但很快它们就变成了棕红色。

在大口瓶子里的蜂巢上，幼虫所处的位置是一个斜面，它们无法在斜面上控制平衡，所以当那些幼虫试图运动一下的时候，常常会掉落到瓶子的底部。在天然的蜂巢里，蜂蚜蝇的幼虫们也遇到了同样的情况，它们从蜂巢上掉了下去，就掉落到了蜂巢洞穴的底部。

不要以为幼虫们跌落下去是一场意外，是一场不幸，我们知道它们跌落的地方是蜂巢的公墓，已经死去的和即将死去的胡蜂，都堆积在那里，蜂蚜蝇的幼虫跌落在了这里，也就如同跌落进了成堆的美食上。

当然，并不是所有的蜂蚜蝇幼虫都跌落进了胡蜂的尸体堆上，也会有一些幼虫不小心混进了蜂巢里去。但混进蜂巢的幼虫数量非常少，大量的蜂蚜蝇幼虫都在蜂巢下面的尸体堆里愉快地进食，游动，嬉戏，根本无暇去骚扰胡蜂。由此可见，蜂蚜蝇进入蜂巢不仅没有破坏胡蜂的生活，反而为胡蜂清理了成堆的尸体，保持了蜂巢的卫生，为蜂巢起到了消毒作用。

为了验证蜂蚜蝇与胡蜂的和平共处，我曾经多次把胡蜂的幼虫和蜂蚜蝇的幼虫一起放进一个试管里。在这个狭窄的空间里，蜂蚜蝇的幼虫与胡蜂的幼虫相遇了，但蜂蚜蝇的幼虫并没有攻击胡蜂的幼虫。

这就是蜂蚜蝇幼虫的个性，它们喜欢吃胡蜂的尸体，却对新鲜的、肉呼呼的胡蜂幼虫不太感兴趣。如果胡蜂的幼虫受伤了，死了，或者化为脓血了，情况就会发生变化。

为此，我用针尖刺伤了一只胡蜂的幼虫，起初那些蜂蚜蝇的幼虫还显得无动于衷，但过不了多久，它们就会爬过来吸食胡蜂幼虫身上流出的

液体。假如我找来一只已经腐烂的胡蜂幼虫的尸体，那么蜂蚜蝇的幼虫则会更加积极，它们会毫不客气地挖开胡蜂幼虫的肚子，喝干里面的汁液。

蜂蚜蝇的幼虫不喜欢活物，只喜欢受伤的或者死去的胡蜂。同时，它们的对头胡蜂也有自己的规则，那就是所有的幼虫必须是健康的。为了贯彻这个规则，辛勤的工蜂会经常在蜂巢里视察，发现有不健康的，工蜂会毫不客气地把它们处理掉。

在观察蜂巢的时候，在巢脾上我经常会看到一些蜂蚜蝇的幼虫。这里没有胡蜂的尸体，这些幼虫来到这里干什么呢？它们在这里活动，会不会给胡蜂的幼虫带来伤害呢？

于是，我仔细观察这些幼虫，发现它们在巢脾里走来走去，最后终于找到了想要的蜂房。此时这个蜂房里面的胡蜂幼虫以为是保姆来了，就起身打了一个哈欠，就在这时，蜂蚜蝇的幼虫身子一停，钻进了这个蜂房。

蜂蚜蝇的幼虫身体很大，尽管它把尾巴留在了蜂房外面，但蜂房内依然非常拥挤，胡蜂的幼虫需要让出一块地方，两个幼虫才能共同拥挤于一个蜂房内。成年的胡蜂看到这种情况，并不会主动去干涉，只要蜂蚜蝇幼虫不去伤害胡蜂的幼虫，成年胡蜂是一概不问的。

在蜂房里待了一会之后，蜂蚜蝇的幼虫们又离开了，它们准备去探测其他蜂房。胡蜂没有干涉这一行为，显然是对的，因为蜂蚜蝇幼虫离开之后，胡蜂幼虫的身体没有受到任何伤害，进食也一切正常。

那么蜂蚜蝇的幼虫让身体进入蜂房，到底干了些什么呢？显然，蜂房太小，通过直接观察，很难得到这个问题的答案。不过从胡蜂的幼虫没有受到伤害这个结果来看，蜂蚜蝇的幼虫进入蜂房显然不是为了捕杀胡蜂的幼虫。

对于这个问题，我有一个推测，即虽然胡蜂的幼虫是爱干净的，但它们也有肠道，有废渣，所以也就会有排泄。我们知道胡蜂从幼虫到蜕变都会一直待在那个蜂房里，所以蜂蚜蝇的幼虫进入蜂房，实际上是为了吸食胡蜂幼虫排出的液体。我不知道这个理由是否成立，但却是我能够找到的唯一一个理由。

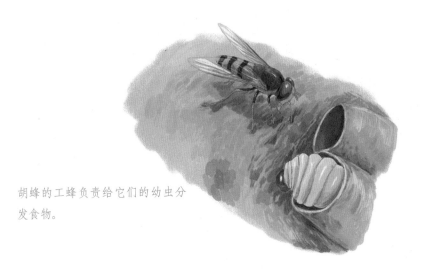

胡蜂的工蜂负责给它们的幼虫分
发食物。

　　由此，我们可以认为，蜂蚜蝇实际上是胡蜂巢穴的清洁工，它们既负责清理洞穴底部的尸体，又负责蜂房内的卫生。因为承担着这个使命，所以当蜂蚜蝇的幼虫闯入巢脾，进入蜂房的时候，一旁的胡蜂才不会干涉。

　　为了验证这个观点，我曾经把楔天牛、叶蜂等昆虫的幼虫放进蜂巢的巢脾里，结果它们遭遇了成年胡蜂的粗暴对待，有的被咬，有的被刺，有的遭遇殴打，最后都凄惨地死去。

　　为了说明容易愤怒的胡蜂家族，竟然能够宽容蜂蚜蝇，我还可以举出一些其他的例子来。

　　我曾经花了两个小时的时间，观察工蜂们给胡蜂幼虫们喂食。我的观察是在有光亮的地方进行的，前来喂食的工蜂们看到蜂蚜蝇的幼虫在巢脾里活动，有时甚至和它们擦肩而过，都毫不过问。

　　有的时候，它们看到蜂蚜蝇的幼虫把身子插入蜂房，也不会特别关注，因为它们似乎知道这些入侵者在做什么。更有趣的是，胡蜂的喂食需要口对口地喂，有的时候蜂蚜蝇的幼虫进入一个蜂房里，蜂房变得异常拥挤起来，胡蜂的幼虫这个时候身体被挤变形了，根本没有胃口接受工蜂的喂食，即便是这样，工蜂对蜂蚜蝇幼虫这个入侵者也是不管不问的，而是转身去到其他蜂房里喂食。

经常光顾胡蜂的蜂房，有的时候胡蜂的幼虫也会去咬蜂蚜蝇幼虫，它们用自己的大颚对蜂蚜蝇的幼虫咬来咬去。这是一种自卫吗？显然不是，原来这些胡蜂的幼虫竟然把蜂蚜蝇的幼虫当作了前来为它们喂食的工蜂。因为此时的胡蜂幼虫身体还很柔软，所以它们咬得并不是很紧，蜂蚜蝇幼虫很容易从它们的大颚里挣脱出来。

也许有人认为，胡蜂包容蜂蚜蝇幼虫，是因为它们观察力不够敏锐。要驳倒这个说法非常容易。我把一条楔天牛幼虫和一条蜂蚜蝇幼虫分别放进一个蜂房里，并把尾巴都露在蜂房外面；从颜色上看，这两种幼虫都是白色的。所以，仅仅从外表看，很难区分这两种幼虫的身份。

胡蜂很快就发现了这两个入侵者，它们毫不客气地把楔天牛的幼虫揪了出来，并残忍地杀死，但放过了蜂蚜蝇的幼虫，并任其在蜂巢里活动。两种如此相像的幼虫，胡蜂竟然能够一眼就识别出来，这还不足以证明胡蜂的观察力很敏锐吗？

胡蜂的逻辑非常简单而又残酷，所有外来者必须被杀掉，然后扔进蜂巢下面的垃圾堆里。所以，企图进入巢脾的敌人，要想躲过一劫，要么是装死，要么就是另有其他更为高明的躲避方法。

然而，进入巢脾的蜂蚜蝇幼虫不需要做任何事，就可以肆无忌惮地在巢脾里活动，这背后的原因是什么？显然不是因为蜂蚜蝇的幼虫有如何巨大的威力，而是因为它们是来帮助胡蜂做清洁工作的，所以，蜂蚜蝇的幼虫并不是敌人，而是帮手，所以它们才能够得到胡蜂的宽容。

由蜂蚜蝇幼虫的受宽容，我还可以反过来再看蜂蚜蝇进入蜂巢时的情形。曾经有理论认为，蜂蚜蝇能够进入蜂巢空穴，凭借的是它们颜色伪装得好，骗过了胡蜂。实际上这个理论是错误的，也是非常幼稚的，因为对胡蜂有用的昆虫，它们进入洞穴，胡蜂是欢迎的，所以根本不用采取什么伪装的策略。

第十章

# 令你意想不到的
# 织网者

——圆网蛛

昆虫档案

**昆虫名**：圆网蛛

**统　　称**：蜘蛛

**身世背景**：圆网蛛是一种常见的蜘蛛，它通常待在屋檐和墙角处织网，只生活在中国的一些地方

**喜　　好**：捕食昆虫

**绝　　技**：织网，筑巢，猎食

**武　　器**：螯钳

寒冬笼罩的季节里，昆虫们会有些无聊。这个时候，昆虫爱好者需要搬开石头、挖开泥土，花费很大精力，才可能无意中突然发现一些昆虫的巢穴。这些巢穴结构精美，足以让昆虫爱好者变得兴奋起来。

我知道，如果这些昆虫爱好者愿意去柳林中，或者其他一些禾本科的植物中去观察，他们将会找到一种彩带圆网蛛的巢。也许有人会认为这不就是一种蜘蛛的巢嘛，但实际上这种巢以及织出这种巢的蜘蛛，确实有很多值得观察的地方。

在南方地区，无论是从外形上还是从颜色上看，彩带圆网蛛都是众多蜘蛛种类中最为精美的一种。彩带圆网蛛的肚子圆鼓鼓的，大小和一粒黄豆差不多。在这个圆鼓鼓的肚子里，存储了黄色、黑色、银白色的丝液，正因为这个原因，它的名字前面才被冠以"彩带"二字。

彩带圆网蛛有8条腿，只要能够找到合适的支撑物，它们就可以在那里织出漂亮的蜘蛛网，无论是蝗虫还是蝴蝶，还是蜻蜓，抑或其他昆虫，彩带圆网蛛都喜欢吃。

和其他普通蜘蛛一样，圆网蛛捕捉昆虫的工具也是蜘蛛网。这种蜘蛛网是由蜘蛛吐出的丝线织成的丝网，网的顶端粘在周围的树枝或者其他支撑物上，至于网的长度，则取决于周围环境的大小。

当网织成之后，彩带圆网蛛应该是开心的，因为它不仅成功地完成了一个巨大的工程，也解决了自己的吃饭问题，在接下来的几天，甚至更长的时间里，它就不需要为吃饭而发愁了。

但彩带圆网蛛并没有沉醉于骄傲的情绪当中，因为它需要赶紧对蛛网的丝线进行加粗。因为它们捕获的猎物是不确定的，如果是蚊虫等体积小的昆虫，目前这个蛛网已经够用，但如果遇到大块头的昆虫，它们的蛛网不仅捕捉不到昆虫，反还可能遭到破坏。因此，彩带圆网蛛必须在风险降临之前，对自己的蛛网进行加固。

通常，可能对彩带圆网蛛的蛛网构成威胁的是蝗虫，一旦蝗虫不小心遇到了蜘蛛网，为了尽快逃生，它们就会用锋利的细腿玩命地蹬扯蛛网。

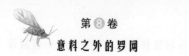

圆网蛛的捕猎器是一张巨大的网，一旦有猎物落
到网上，它就会迅速地爬向猎物。

如果蜘蛛网能够抵抗住蝗虫最初的挣扎，那么这个蝗虫的厄运就来了。

在一旁静静守候的彩带圆网蛛会爬过来，不断吐丝来缠住蝗虫，一根、两根……直到把肚子里的丝全部吐完，它才肯罢手。很黏又很有韧性的丝把蝗虫紧紧地困住了，彩带圆网蛛悄悄地爬过来，在便于下口的地方对蝗虫咬上一口，便心情轻松地离开了。

不要小看这轻轻的一咬，实际上蜘蛛已经在蝗虫的身上注入了毒液，蝗虫也很快因为中毒而变得浑身无力，像昏死了一样。感觉毒液已经起作用了，彩带圆网蛛就会再次返回来，吸食蝗虫体内的汁液。为了便于吸允，彩带圆网蛛还会换几个地方吸允，直到把蝗虫体内的汁液吸干。

也许有人会奇怪，彩带圆网蛛注入蝗虫体内的毒液到底有多毒呢？其实那种毒液并不是非常毒，它仅仅能够起到麻痹作用，如果拨开蝗虫身上的蜘蛛网，蝗虫是可以重新活动的。

我曾经想，遇到体格大、攻击性又非常强的昆虫时，彩带圆网蛛也许会毫无办法。为此，我把一些这样的昆虫放到蜘蛛网上，想看看最后的结果。彩带圆网蛛的表现很令我敬服，它们不断地喷丝，最后终于把大昆虫困住了，并且享用了它们。

彩带圆网蛛的捕猎技巧是高超的，而它们的育婴方式则更为高超。和鸟类用窝巢抚养后代不同，彩带圆网蛛是用蓄卵的丝袋抚养后代的，而且后者明显比前者精密很多。

彩带圆网蛛丝袋形状如同梨，约有鸽子蛋那么大。通常，彩带圆网蛛会把丝袋放到靠近地面的草丛里，因为这一带气候恶劣，所以彩带圆网蛛必须采取一些保护措施，以让自己的后代熬过严冬。

要了解彩带圆网蛛保护后代的秘密，就要打开它们的丝袋。我剪开这个袋子，很快发现里面有一层像棉被一样的厚厚的丝。这层丝保护的是什么呢？不用问，当然是彩带圆网蛛的虫卵。瞧，一个精美的圆桶形小袋子吊在被子的中央，里面装的，正是那些豌豆般大小的卵，它们一粒一粒地粘在一起，看上去像个圆鼓鼓的大球。而这层厚厚的棉被，正是帮助这些卵御寒用的。

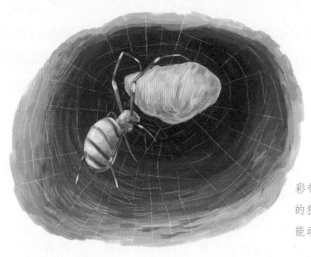

彩带圆网蛛不断地用丝缠绕自己的猎物，从而使得猎物一动也不能动，以此征服猎物。

  彩带圆网蛛的彩丝袋是如何织出来的呢？彩带圆网蛛喜欢在夜间工作，所以要观察彩带圆网蛛是如何织出丝袋，是一件非常不容易的事情。幸好偶尔在清晨，我可以观察到彩带圆网蛛在工作，也正因为这个原因，我才得以观察到彩带圆网蛛是如何织出丝袋的。

  八月中旬时，我饲养的一只彩带圆网蛛开始了织丝袋工作。工作在罩子下面进行，它先用几根绷得非常紧的丝搭建出支架，再用我的金属罩来作为支撑物。有了这些之后，织丝袋的工作就可以顺利进行了。

  先是布丝，这个工作颇为繁忙，彩带圆网蛛不停地摆动腹部，一会向左，一会儿向右；有的时候它需要爬上去，有的时候又要降下来；有的时候，它还需要转圈。在不停运动的时候，它后退着拉丝，把吐出的丝缠在支架上，最后就形成了一个丝盆。丝盆形成之后，彩带圆网蛛并没有就此停止，它不断加高丝盆的边缘，最后终于织出了一个袋子。

  有了袋子之后，就可以排卵了。彩带圆网蛛排卵是一次性排完的，当然这个过程有些缓慢。这些卵都被排在了刚刚织好的袋子里，排卵结束之后，彩带圆网蛛会把袋子封上。

  封袋时，彩带圆网蛛采用的方式，与刚才织袋有很大的不同。这个时候，它的腹部顶端不再来回摆动，而是轻轻地落在某个点上，然后离开，再找某个点落下。它这样做的目的是为了把之前吐出的丝粘在一起。与此同时，彩带圆网蛛也在喷丝，不同的是这次喷出的丝很细。彩带圆网蛛用后足挤压这些细丝，最后就把卵袋编织好了。

卵袋编织好后，工作还没有结束，彩带圆网蛛需要在卵袋外面再编织一层。于是，它继续喷丝，不过这次喷出的丝与之前的丝有明显的不同：在颜色方面，之前是白色的，现在是棕红色的；在粗细方面，之前的粗一点，现在的要细一点。彩带圆网蛛就用这种棕红色的细丝，通过梳理，让它们变成了一床蓬松的被子。被子把卵袋包裹了起来，所以现在我们已经看不到卵袋了。

接着，彩带圆网蛛还在向外喷丝，但颜色又发生了变化，即由棕红色再次变成白色。彩带圆网蛛的这次喷丝，是为了为虫卵编织最外面的一层套子。如果说刚才编织的丝被追求的是暖和，那么这层套子追求的是结实。为了实现这个目标，彩带圆网蛛决定把这个套子编织得又厚又密，毫

圆网蛛用丝纺织卵袋的外套，并进行
加固，最后将袋口封住。

无疑问，编织这个套子需要很长一段时间。

第一步，为了稳定丝袋，彩带圆网蛛需要在棉被的周围拉出几条丝用来固定。在以后的工作中，每次经过这里，它都会喷出一些丝用来加固，直到整个编织工程结束为止。

待保障工作完成之后，彩带圆网蛛才开始正式为卵袋织外套。编织工作不用什么编织工具，只是腹部尾端不停地摆动，并用后足交替拉丝，然后彩带圆网蛛的身体不停时而向前，时而向后，时而旋转，编织工作就可以顺利进行了。

由于彩带圆网蛛的腹部不停地进行有规则的摆动，所以可以织出有规律的几何图形，图形的精确性简直可以与纺织厂的机器生产出的图案相媲美。因为彩带圆网蛛的身体不停地移动，所以这些几何图案会重复出现。

辛苦的编织工作终于要结束了，彩带圆网蛛带着悠闲的心情，决定用白线织出一个有棱有角的签名。这时，彩带圆网蛛喷出的丝发生了第三次变化，变成了介于棕红蛇与黑色之间的颜色。彩带圆网蛛一边喷丝，一边用后足拉着丝线，完成了外套的编织。

丝袋编织完成了，它精致、美观、结实、暖和。但对于自己如此伟大的杰作，彩带圆网蛛并没有表现出多大的兴趣，等到编织工作完成以后，彩带圆网蛛就迈着悠闲的步子离开了。以后的事就不需要它过问了，它决定把自己的虫卵交付给温暖的阳光。

产下了卵，并为卵建造好了精美的卵袋，彩带圆网蛛的使命已经结束了，它的生命也即将走到尽头。在生命的最后时刻，彩带圆网蛛又爬上了自己的蜘蛛网。这个时候，彩带圆网蛛的肚内已经没有丝了，它也就无法用丝来缠绕猎物了。它变得郁郁寡欢，几天之后就死去了。

以上这些事情是在我实验室的金属罩下发生的，至于在田野里的荆棘丛里，野生的彩带圆网蛛是怎么生活、怎么编织丝袋的，我想应该和在我实验室观察的结果大致差不多吧！